2014年国家改革发展委出台新型城镇化5大配套政策

日前召开的中央城镇化工作会议明确了推进城镇化的主要目标、基本原则和重点任务。国家发展和改革委员会主任徐绍史就会议精神谈了我国城镇化工作的相关重点。要积极稳妥扎实推进新型城镇化工作，但必须坚持以人的城镇化为核心，走以人为本、四化（工业化、信息化、城镇化、农业现代化）同步、科学布局、绿色发展、文化传承的中国特色新型城镇化道路，完成好5大战略任务：有序推进农业转移人口市民化；优化城镇化布局和形态；提高城市可持续发展能力；促进城乡发展一体化；完善城镇化体制机制。

有序推进农业转移人口市民化，就是按照因地制宜、分步推进、存量优先、带动增量的原则，统筹推进户籍制度改革和基本公共服务均等化。优化城镇化布局和形态，就是切实提高城镇建设用地集约化程度，严格按照主体功能区定位推动发展和推进城镇化，根据土地、水和生态环境承载能力，促进城镇空间布局合理均衡，优化城镇规模结构。要提高城市可持续发展能力，必须强化城市产业就业支撑，改造提升中心城区功能，严格规范新城新区建设，建立多元可持续的资金保障机制，着力提升城镇建设质量和水平。促进城乡发展一体化，必须加大城乡统筹力度，增强农村发展活力，逐步缩小城乡差距，促进城镇化和新农村建设协调推进。完善城镇化体制机制就要正确处理市场和政府、中央和地方的关系，加快破除新型城镇化的体制机制障碍，形成有利于城镇化健康发展的制度环境。

2014年城镇化的将重点抓好推动城镇化规划实施，出台配套政策，编制配套规划，开展试点示范，完善基础设施等工作。同时，发展改革委将会同有关部门推动出台户籍、土地、资金、住房、基本公共服务等方面的配套政策，研究推出促进中小城市特别是中西部地区中小城市发展的支持政策。中国特色新型城镇化建设将为建筑业的发展与升级提供广阔的空间，同时也将有新的挑战，机遇与挑战并存。

图书在版编目（CIP）数据

建造师 27 / 《建造师》 编委会编．—北京：
中国建筑工业出版社，2013.12
ISBN 978-7-112-16241-3

Ⅰ．①建 … Ⅱ．①建 … Ⅲ．①建筑工程—丛刊
Ⅳ．① TU－55

中国版本图书馆 CIP 数据核字（2013）第 306577 号

主　　编：李春敏
责任编辑：曾　威
特邀编辑：李　强　吴　迪

《建造师》编辑部
地址：北京百万庄中国建筑工业出版社
邮编：100037
电话：（010）58934848
传真：（010）58933025
E-mail：jzs_bjb@126.com

建造师 27
《建造师》编委会　编
*
中国建筑工业出版社 出版、发行（北京西郊百万庄）
各地新华书店、建筑书店经销
北京中恒基业印刷有限公司排版
北京同文印刷有限责任公司印刷
*
开本：787 × 1092 毫米　1/16　印张：$8^{1}/_{4}$　字数：270 千字
2013 年 12 月第一版　　2013 年 12 月第一次印刷
定价：18.00 元
ISBN 978-7-112-16241-3
（24961）

CONT 目

录NTS

案例分析

工程法律

看世界

技术交流

连载

版权声明

授权声明

本社书籍可通过以下联系方法购买：
本社地址：北京西郊百万庄
邮政编码：100037
邮购咨询电话：
（010）88369855或88369877

《建造师》顾问委员会及编委会

建筑业企业资质注册人员实行“双轨制”的探索

肖应乐

2013年2月22日，住房和城乡建设部办公厅印发的建市办【2013】7号文件《关于做好取得建造师临时执业证书人员有关管理工作的通知》中规定：“自2013年2月28日（含）起，各级住房城乡建设主管部门不再将取得建造师临时执业证书人员作为建筑业资质管理认可的注册建造师。已取得建造师临时执业证书人员，年龄不满60周岁且按要求参加继续教育并延续注册的，可参照《注册建造师执业管理办法》（试行）的规定继续担任施工单位项目负责人。”对此，建筑业企业反响较大。

一、建造师临时执业队伍面临问题产生的背景

2003年原建设部印发《关于建筑业企业项目经理资质管理制度向建造师执业资格制度过渡有关问题的通知》，取消建筑施工企业项目经理资质标准，由注册建造师代替，并设立过渡期。为保证一级项目经理队伍平稳向一级建造师执业资格过渡，2004年原人事部和建设部印发《建造师执业资格考核认定办法》，规定项目经理受聘为工程或工程经济类高级专业技术职务，取得全国工程总承包项目经理高级培训证书或建筑业企业一级项目经理资质证书，且具备相应的学历、职业年限和工作业绩，即可认定取得建造师资格证书。按此规定，当时全市建筑业企业1000名持有一级项目经理资质证书的人员中，只有99人经考核认定取得了一级建造师资格，通过率不足10%。辽宁省及国内其他省、市的通过率都不高。

由于资格转换通过率偏低，根据建筑业实际，原建设部对那些没有取得注册建造师资格的项目经理，采取转换临时执业证书的做法。2007年原建设部印发了《关于建筑业企业项目经理资格管理制度向建造师执业资格制度过渡有关问题的补充通知》，规定：具有统一颁发的建筑业企业一级项目经理资质证书，且未取得建造师资格证书的，符合相关条件的可申请一级建造师临时执业证书；经建设部批准后，委托各省级建设主管部门向符合条件者颁发一级建造师临时执业证书，证书有效期5年，于2013年2月27日废止。按照《补充通知》要求，大连市建筑业同全国其他省市一样，对持有一级、二级项目经理资质证书的人员，经过核准全部取得了一级、二级建造师临时执业证书，有效解决了建筑业注册建造师资质不足的实际困难。5年来，建造师临时执业证书人员，不仅有力地支撑着企业资质的稳定，并且引导和培养了一批青年建设者逐渐走向成熟，胜任本职工作，创建了很多项优质精品工程，为企业做强做大起到重要作用。

时至今日，《补充通知》所规定的过渡期已过，在政策层面，这一批按照《补充通知》领取一级建造师临时执业证书的人员，在其企业资质的合法性上出现了问题。

二、大连市建筑业企业注册建造师（项目经理）供不应求

（一）大连市一级注册建造师（项目经理）队伍基本情况

据不完全统计，大连市现有建筑企业1700余家，其中，施工总承包特级企业5家，施工总承包、施工专业承包一级企业近200家。目前，大连市实有一级注册建造师3285人，其中，持有建造师临时执业证书人员（项目经理）655人，占总数20%。从数量看，一级注册建造师基本满足要求。但若将建造师临时执业证书人员（项目经理）不作为企业资质认可的人员，不仅会影响企业资质达标，导致企业资质等级可能降低，甚至会造成部分企业资质“崩溃”，严重影响一大批建筑业企业资质的稳定；同时，也可能导致行业性的“建造师荒”，将迫使建筑企业采取各种办法“挖人”，会使得原本稳定性不高的建造师队伍更趋复杂。

（二）建筑企业注册建造师（项目经理）供不应求的原因

1. 市场对一级建造师需求量大

随着全域城市化和城镇化建设发展，我市建设工程项目逐年增加，大多数房屋建筑施工总承包特级、一级企业平均每年有40~80个在建项目，有的甚至达到近百个。根据相关规定，注册建造师不得同时在两个以上建设工程项目上担任施工单位项目负责人，很多建设项目由于多方面原因，没有按期完工，该建造师（项目经理）不能及时“解锁”；加之部分复杂项目周期较长，有的甚至可拖延长达3年之久，要承揽新的项目就必须有处于解锁状态的建造师，所以注册建造师缺口很大。

2. 企业资质专业配置上的需求

目前，注册建造师按专业划分为建筑、机电、市政等10个专业，若企业想具有多项资质的话，必须增加一级建造师数量。例如，某企业若仅为机电安装工程施工总承包一级资质，按标准只需具备15个注册建造师；但若其增项资质中有建筑、市政公用、钢结构、管道、建筑智能化、消防设施、送变电等其他工程专业，为满足招投标和资质标准对建造师专业的要求，建造师数量须远大于20人。其他总承包专业也有类似问题。

3. 一级建造师在建筑企业注册率不高

据初步统计，近几年我市一级建造师考试通过率为7%左右，而在通过考试取得资格证书人员中，只有部分人员在建筑业企业注册。如2013年，由于各种原因仅有100余人注册在建筑业企业。照此速度，如果将现有655名建造师临时执业证书人员不再作为建筑业资质管理认可的注册建造师，在不考虑陆续有人员退休的前提下，大约需要5年时间才能补足现有的缺失。同时，在调研中我们也注意到，有相当一部分人员虽然考取了一级建造师资格，但在实际工作中，其项目管理实践经验还远不及很多持有建造师临时执业证书的人员。如果只是简单采取一刀切的做法，会对建筑业的健康稳定发展造成影响。

4. 部分项目招标门槛虚高

目前，很多建设工程项目招投标时都提高了建筑企业资质级别和建造师级别的入围门槛。有的项目其规模、跨度、高度、造价等都没有超过二级企业资质承包工程范围，由二级资质企业承担已足够，但建设单位硬性要求选择一级资质企业投标或由一级注册建造师（项目经理）作为项目负责人。这人为地助推了一级建造师的供不应求。

5. 非建筑施工企业的需求

目前，很多建设工程监理、工程项目管理、工程造价咨询、招投标代理等企业因业务需要，也要求有一定数量的建造师在本企业注册；另有部分考取建造师资格证书人员，因各种原因注册在非建筑施工企业或不注册，这也进一步加剧了建筑企业一级建造师供求关系的紧张。

6. 注册建造师执业工程范围与建筑业企业资质标准不统一

现行《房屋建筑工程施工总承包企业资质等级标准》承包工程范围规定："二级企业可承担单项建安合同额不超过企业注册资本金5倍的下列房屋建筑工程的施工：（1）28层及以下、单跨跨度36米及以下的房屋建筑工程；(2) 高度120米及以下的构筑物；（3）建筑面积12万平方米及以下的住宅小区或建筑群体"。根据《注册建造师执业工程规模标准》（建市[2007]171号）规定："二级注册建造师担任中小型工程项目负责人，中型标准为：（1）建筑物层数5~25层；（2）单跨跨度15~30米；（3）建筑物高度15~100米；（4）建筑面积3000~10万平方米"。由此可以看出，如果项目规模超出了二级注册建造师执业工程规模标准，即便是二级企业可承揽的项目也必须要由一级注册建造师(项目经理)来担任项目负责人。

7. 一级建造师考前培训乱象

由住房和城乡建设部主管的综合性权威期刊《建筑》，2013年19期首页刊登了《一级建造师考前培训乱象调查》文章，通过各种案例，从不同角度揭秘了社会上某些培训机构五花八门的生财之道，分析了催生培训乱象的多重因素，这足以说明建筑业企业一级注册建造师供不应求的现状。

三、现行建筑业企业资质标准及相关规定的理解

（一）原项目经理仍然是建筑业企业资质管理认可的人员

自1991年原建设部颁发《项目经理资质认证管理试行办法》以来，项目经理在建筑业企业和工程建设中具有的重要地位和所发挥的积极作用，已被社会认可。我国原实行的项目经理资质行政审批制度，实际上是对企业进入市场在资质人格化上提出的具体要求，要求项目经理资质证书与企业资质证书配套使用，这是使建筑业企业健康可持续发展的必要和充分的条件。2007年，建设部令（第159号）颁布的《建筑业企业资质管理规定》及《建筑业企业资质等级标准》，房屋建筑工程施工总承包企业特级资质标准第二条第4款规定："企业具有一级注册建造师（一级项目经理）50人以上"，据此理解一级项目经理仍然是企业资质管理认可的建造师。

（二）相关《规定》、《标准》不一致

2006年原建设部颁布的《注册建造师管理规定》第二章第十五条第十款规定："年龄超过65周岁的不予注册"。而2013年住房和城乡建设部颁布的《关于做好取得建造师临时执业证书人员有关管理工作的通知》第一条规定："已取得建造师临时执业证书人员，年龄不满60周岁且按要求参加继续教育并延续注册的，可参照《注册建造师执业管理办法》（试行）的规定继续担任施工单位项目负责人。"由此可见，两者有相悖之处。一般情况下，《通知》应遵从《规定》。

（三）建造师临时执业证书人员(项目经理)作为企业资质认可的注册人员符合情理与法理

根据国家工商行政管理和行政许可相关规定，建筑业企业在申领企业法人营业执照后，再申办企业资质并在其经营范围内从事经营活动。原项目经理资质和现注册建造师是企业资质的人格化体现，如果企业不具备注册人员的必要条件，则无法取得资质，企业没有资质，何谈建造师（项目经理）担任建设项目负责人呢？再者，建造师（项目经理）的执业行为是受企业法人的委托，并非是自然人行为。当下，根据相关规定，要求建造师（项目经理）对所实施的建设项目终身负责，这足以说明担任建设项目负责人的重要性，但决不能说明作为企业资质认可的人员不重要。广大企业普遍认为两者都重要，两者之间相辅相成，缺一不可，

做到两全其美是人心所向，既符合情理又符合法理，也是企业发展的需要。

四、几点建议

据统计，截至2013年10月，全国建筑业一级建造师临时执业证书人员44028人，北京市4326人，上海市2250人，江苏省3962人，浙江省4102人，辽宁省2090人，大连市655人；全国建筑业二级建造师临时执业证书人员227158人，北京市5714人，上海市5256人，江苏省8051人，浙江省10500人，辽宁省4063人，大连市930人。从宏观看，几个建筑业大省（市）普遍存在一级建造师临时执业证书队伍短时间内难以接续补充的问题。

从微观看，大连市拥有一级建造师临时执业证书人员企业共计170家。笔者调查了其中四家建筑施工企业，两家特级建筑企业拥有一级注册建造师129人，临时执业证书为32人，占总数的25%；两家一级建筑企业拥有一级注册建造师43人，其中临时执业证书为16人，占总数的37%。而这四家企业每年能考取并在本企业注册一级建造师资格的人员只有1~2人。如果临时执业证书人员不作为企业资质认可的人员，无疑将严重影响这些企业资质的稳定和可持续发展。

鉴于上述情况，从实际国情、行情出发，提出如下建议：

（一）适当延长“过渡期”

5年前，建造师关于“临时”、“过渡期”的设定是基于理想预期的考虑，其执行也取得了良好的效果。从当前实际情况看，过渡期还没有真正结束，建造师队伍发展还没有完全达到预期的目标。建议应以科学发展观为指导，根据当前建筑业发展的实际情况，实事求是，适时调整与修正相关规定，适当延长“过渡期”，确保建筑企业资质和队伍保持相对稳定。

（二）实行“双轨制”

将取得建造师临时执业证书人员（项目经理）继续作为建筑业资质管理认可的人员，这样既能满足企业资质注册人员数量的要求，保持企业资质标准达标，又能发挥他们在建设工程项目管理方面的作用，有效地解决因注册建造师人员不足给企业资质保级、升级、增项带来的困扰。

（三）执业到65周岁

按照相关规定，将过渡期延长至法定注册年龄（65周岁），这样既解决能考试取得资格而不胜任建设项目负责人，能胜任建设项目负责人而考试不能取得资格的现实问题，同时也符合国家提出适当延长退休年龄的讨论议题，让他们成为那些走出校门进入建设岗位青年人的良师益友，继续发挥传、帮、带的作用，再过几年，那些年轻的注册建造师已成长为既有专业知识又能主持施工管理的骨干力量，真正完成了新老交替的历史使命。二级临时建造师执业证书人员注册在中、小型建筑企业，他们同样起到了举足轻重的作用，让其长期存在与一级临时建造师执业证书人员同等重要，建筑企业感同身受。

（四）适度提高考试通过率

建议国家相关部委，在不降低建造师考试质量的前提下，适度提高建造师资格考试的通过率，或由一年一次增加为一年两次，也是解决一级注册建造师数量不足的有效措施。

总之，我们希望建筑业企业注册人员的构成应引起相关部门的高度关注。树立创新发展的理念，建立符合中国国情、行情的人才管理体系，培养一支科学稳定的建筑人才队伍，是政府、行业协会、建筑企业共同的责任。关于注册人员的称谓不重要（注册建造师、建造师临时执业证书人员、项目经理），重要的是用科学发展观，纵观我国建筑业发展的昨天、今天和明天，客观评价他们在建筑业发展史上的重要作用，让他们在企业资质和项目管理岗位同时发挥作用，为社会做出积极的贡献，使建筑业稳定、健康、有序、可持续发展。

BT项目担保方式初探

吕小奇

（中建总公司基础设施事业部，北京 100037）

一、中建股份公司BT业务发展状况

中建第一个BT项目是吉林江湾大桥项目，投资额2亿元，吉林市政府出30%资本金，中建出70%配套资金，利率上浮，工程造价按市政定额计价，结算按合同价＋洽商变更。

在2005年底，总公司在做“十一五”规划时，就提出了“以融投资带动总承包”的经营理念和市场策略，从这几年的实践看，尽管我们在这方面的实践还处于初始阶段，但确实体现出了先进性和预见性，一方面体现在国家的快速发展，经济实力增强，基础设施的建设进入有史以来的大发展阶段；另一方面体现在中建的实力不断壮大，特别是整体上市，为融投资业务插上资本的翅膀。因此，从内到外都为BT模式快速发展提供了宝贵的机遇和基础条件。

几年来，股份公司基础设施事业部以及各二级单位在融投资业务方面做了许多有益的探索和实践，总体上讲是起步虽晚，但发展较快，效果较好，各二级单位的积极性很高。以事业部为例，几年来，牵头实施融投资基础设施项目20个，占项目数量总额的40%，合同额占合同总额的48%；从全集团的情况看，三、五、六、七、八工程局都较多地涉足了BT业务，有些是与股份公司联手，有些是在授权范围内独立运作，积累了比较丰富的经验，形成了一些比较可行的模式，取得了比较好的社会效益和经济效益。

二、BT项目担保的重要性及法律依据

BT模式是双刃剑，因为BT模式是一个相对较新的商业模式，既有高于传统承建业务的利润水平，但也具有远比承建业务复杂的特点，是一个资本密集、时间跨度长、操作复杂、融合了诸多业务的跨界模式，需要较多的业务部门协同推进和运作，所涉及的法律法规和合同框架也要复杂很多，所要考虑和规避的各种风险因素很多。其中一个核心问题是回购风险，这是投资方在做决策时需要考虑的最主要因素。规避回购风险一般主要考虑两个因素：一是对方的实力，即回购能力，二是有否担保。从确保投资安全的角度出发，无论对方实力如何，都应争取获得具有法律效力、不可撤销、易于变现、足额覆盖投资本息的担保，从而确保投资方能够按合同约定的时间和额度收回，确保项目预期各项指标得以实现。因此，开展BT业务，要求合同相对方提供履约担保是投资方需要力争的重要条件。

依据《担保法》相关规定，担保方式主要保证、抵押、质押、留置和定金五种，适用于BT模式的是前三种；《担保法》还规定，国家机关不得为保证人，但经国务院批准为使用外国政府或者国际经济组织贷款进行转贷的除外；下列财产不得抵押：土地所有权；耕地、宅基地、自留地、自留山等集体所有的土地使用权；学校、幼儿园、医院等以公益为目的的事业单

位、社会团体的教育设施、医疗卫生设施和其他社会公益设施；所有权、使用权不明或者有争议的财产；依法被查封、扣押、监管的财产；依法不得抵押的其他财产。

从《担保法》上述规定可以看出，一般情况下，除政府不得作为保证人外，三种担保方式均可在BT模式中采用，是有法律依据的。

三、担保方式的选择

2012年12月，四部委联合出台了《关于制止地方政府违法违规融资行为的通知》（财预[2012]463号），对BT模式的发展及寻求担保方式提出了更高的要求，既要满足模式的合法合规性，又要在担保方式寻求创新，降低投资风险。

随着国家继续加强地方政府性债务管理和风险防范，进一步清理规范地方政府融资平台公司；坚决禁止各级政府以各种形式违规担保、承诺；严格控制地方政府新增债务，将地方政府支出分类纳入预算管理；目前，股份公司基础设施融BT项目的合作对象主要就是地方政府和政府平台公司，国家加强监管的措施对此类业务会带来较大影响。

此外，国家继续加强房地产市场调控，严格执行并逐步完善抑制投机、投资性需求的政策措施；国家的这种调控政策在至少几年内不会发生松动；地方的“土地财政”将受到极大的影响。

BT项目投资大，履约时间长，模式复杂，涉及环节多，总体上讲风险还是比较大的。股份公司审批这类项目最应关注两个要素：一是效益，二是安全。谈到安全，就涉及担保问题，这其实也是我们在新的政策和市场背景之下推进BT项目时遇到的难点之一。

从理论上讲，有担保好过没担保，有担保，还要看质量。但是，这些原则在实践中也是可以灵活掌握和运用的。比如，与北京、上海、苏州、无锡、深圳政府或有关部门签BT合同，由于其经济实力雄厚，政府信用好，即使没有任何担保，风险也不大；反过来，如果与一个财政能力较弱的政府签BT合同，担保是必须的，还必须质量好。

下面就担保的几种方式谈谈看法。

（一）银行提供履约担保或签订保证合同

从安全性及实现债权的便利性而言，首选是由政府提供银行出具的连带责任的履约保函或者是银行与投资方签订负有连带责任的保证合同。比如地方商业银行、农村信用社（农村商业银行）。《商业银行法》规定银行可以从事担保业务。选择地方商业银行的主要原因是这类机构的总部就在所在城市，审批手续相对简化；二是个别国有大行明确规定不能为政府提供担保，比如建行曾出过类似规定。

（二）有实力的企业签订保证合同或提供连带责任履约担保

虽然这是投资方能够接受的方式，但在实践中很少有成功的案例，一是因为即使是国资委管理的国企，毕竟是独立的企业法人，有内部的运营管理制度，政府无权干涉企业的经营行为。二是有实力为BT基础设施项目巨额投资提供担保的企业凤毛麟角。

（三）抵押或质押

探讨这个问题之前，有必要归纳一下BT项目的两个特征：

一是投资额大，少则三五亿，多达几十亿，甚至上百亿；二是时间长，建设期+采购期一般短则四五年，多则六七年，甚至更长。

1、抵押

政府掌握的可以抵押的比较有价值的资源主要有两个：一是经营性资产，一个是不动产，主要是土地。政府的不动产有限，很难覆盖我们的债权，基本没有可能；土地是政府手上最大的资源，但用于BT项目的担保有一定难度，理由如下：第一，按《担保法》和《物权法》

规定，建设用地的使用权可以抵押；前提是拿到土地使用权证：只有某个企业，通过招拍挂等方式获得土地使用权，并按国有土地出让和转让暂行条例的规定，在六十日内缴足土地出让金后，才可以拿到权证。相对BT投资方的投资额而言，政府下面的企业极少有这个实力。按照一般土地使用权抵押的惯例，还要打个五折、六折，对担保企业的实力要求太高了；第二，土地使用权一旦抵押，对其后的开发行为会造成很大的影响，如贷款、销售等，房地产企业的经营会受到极大困扰。第三，一般的地级市的一年土地出让指标是有限的，在签订BT合同时，可以上市交易的土地数量也是个问题。所以，土地使用权抵押是个合法且有操作性的抵押方式，但对于BT而言，实现难度太大了；这个结论是针对获得一个具有现实操作性又无瑕疵的土地担保。在现实条件下，可以退而求其次，可以把土地资源作为一种抵押物，具体做法可以是：签一份合同，将某地块作为还款的保证。

2、质押

质押分动产质押和权力质押两种方式。动产质押由于政府手里没有相关资源几乎是不可能的，权利质押也很难。

首先，担保法规定可以质押的几项权利，如汇票、支票、本票、股份、股权、专利权、著作权的财产权等等，政府都拿不出来。

其次，政府常常提出用土地收益权作质押。按《物权法》的规定，应收账款是可以出质的。我们可以把土地未来的收益视为应收账款。但是，我们会发现在实际操作中会遇到难题：

首先按《担保法》规定，质押要么是实现质押物的转移，要么是对某些权利的质押到管理部门办理出质登记；而政府对土地处分的收益权，也就是土地出让金收入按2006年《国务院办公厅关于规范国有土地使用权出让收支管理的通知》（国办发〔2006〕100号）和《财政部国土资源部中国人民银行关于印发〈国有土地使用权出让收支管理办法〉的通知》（财综〔2006〕68号）规定，从2007年1月1日起，土地出让收支金额纳入地方基金预算管理，收入全部缴入地方国库。怎么能将国库中的未来收益作质物呢？质物是什么？到哪去登记？另外，土地收益权的实现是要土地交易之后才有可能，在不能先期约束第三人的情况下，对于我们来说，这种质押是不可控的权利，不符合法律规定的质押物的特征。其次，上述文件规定：土地出让收入使用范围包括征地和拆迁补偿支出、土地开发支出、支农支出、城市建设支出以及其他支出；并不能完全用于城市建设支出。土地出让收入的使用要确保足额支付征地和拆迁补偿费、补助被征地农民社会保障支出、保持被征地农民原有生活水平补贴支出，严格按照有关规定将被征地农民的社会保障费用纳入征地补偿安置费用，切实保障被征地农民的合法利益；按照五部委2009年74号文规定：要加强土地出让收支预算执行管理，对于未列入土地出让支出预算的各类项目，包括土地征收项目，一律不得通过土地出让收入安排支出。

再有，退一步讲，即使能够做到质押，按现行土地法规，所谓划定的地块在未来几年中，能否及时征收、完成一级整理、取得出让指标、能否出让、出让收入是多少、其中又有多少可以用于支付BT回购款？太多的变数和不确定性，对BT投资方来讲，就是画了一个大大的饼，根本起不到投资方所要求的担保的目的。

（四）探索新模式

1、利用银行信用降低风险

在BT项目采购方不能向投资方提供充分的回购担保（如银行保函或其他经济担保）的情况下，为了降低投资方投资回收风险，可以将银行信用引入回购支付环节，由银行为BT项目的回购方提供资金支持，确保BT项目回购方按时获得足额的采购资金，以保证投资回收。

[案例]湖南长沙观光带BT项目

由于回购方不能向中建提供回购担保，我们结合该项目的实际情况，特别是该项目已被列入国家开发银行湖南省分行对长沙市政府145亿的城市建设支持性贷款之中，国家开发银行湖南省分行已成为该项目的资金支持提供了银行信用，从而使得长沙市政府为获得信贷支持而必须对国家开发银行湖南省分行维护良好的信誉，考虑到这一重要情况，我们与长沙市政府和国家开发银行湖南省分行积极进行协调沟通，经过复杂而艰巨的谈判，终于就我方的出资方式和回购资金落实达成共识，并签订了相关的BT合同补充协议。具体操作内容为我方将BT合同约定的出资额按照约定的出资时间存入国家开发银行湖南省分行，并委托国家开发银行湖南省分行将该笔资金放贷给回购方，由回购方专用于项目建设，国家开发银行湖南省分行对资金的使用情况进行监管，确保资金的使用安全并负责代我方回收资金；国家开发银行湖南省分行在回购方未按照BT合同支付采购款的情况下，由该行向回购方发放等额银行贷款，该笔贷款的用途是专用于回购方向我方支付回购款。通过将银行信用引入该项目的出资和回购环节，从而使得我方投入资金的安全使用和回收得到了相当程度上的保障。目前该项目的投资款已全部按时收回。

2. 引入保险公司模式

为推进BT业务更好发展，我们积极摸索新的担保方式，尝试将信用保险引入回购担保方式之中。

[案例]珠海市金凤路BT项目

该项目位于广东省珠海市，全长19.6公里，设计速度100公里/小时，技术等级为城市快速路，投资估算27.2亿元，建设期3年。

由于该项目的回购方不能向我方提供银行保函或资产抵押/质押等担保，为了最大程度地保障资金回收的安全，我们与中国出口信用保险公司进行了接洽，就由该保险公司为回购方提供信用保险事宜进行了多次探讨。我们提出的方案是：由回购方向该保险公司投保信用险，保险标的为回购方按照BT合同向我方支付回购款的履约行为，保险金额为采购款金额，保险期间为建设期与回购期，承保风险为回购方未按照BT合同向我方支付回购款的违约行为。

对我方提出的方案，该保险公司表示总体上可行，但需进一步论证操作细节上的问题；珠海市政府也表示出了积极配合的意愿。

在我方提出的方案的基础上，我方、中国出口信用保险公司和珠海市政府开展了多轮的调研和论证工作，对信用保险的各个操作步骤和细节问题进行了分析，取得了一定的进展。但是，最终由于保险公司和珠海市政府之间未能在保险费和承保条件等方面达成一致，该项目尚未能按计划实施，但上述工作不失为一次在探索担保新方式方面的有益尝试。

（上接第15页）项目完满履约，从而推动投资市场的快速、稳定、扩大。

本文旨在紧扣中建交通涉足投资业务领域的目的，坚持“品质保障、价值创造”的核心价值观，本着“诚信、创新、超越、共赢”的企业精神精心总结和积极探索，希望为中建交通乃至中国建筑未来投资业务的稳定、快速发展尽一份微薄之力。

BT投融资建设模式，对于中国建筑而言，可以集合资金、技术、管理等优势，通过错位竞争，提供建筑业全产业链一体化产品服务，提高项目的盈利能力。同时解决了地方基础设施建设资金的瓶颈，促进地方基础设施建设和经济发展。但是，BT投融资模式是一把“双刃剑”，企业需要谨慎，在风险可控、能力所及的范围内进行投资，否则，因投资不慎出现回购款不能收回，引起企业现金流断链，将是企业的灾难。

城市基础设施领域 BT 模式风险管控的思考与实践

王　刚

（中建交通建设集团有限公司，北京　100161）

一、中国建筑参与 BT 投资建设的时代背景及现状

（一）参与 BT 模式投资建设的时代背景

20 世纪 90 年代末以来，全国尤其是经济发达地区城市的急剧扩张，成为我国经济高速增长的引擎。在这一轮地方政府主导的城市扩张中，土地财政扮演了极其重要的角色。

随着我国经济结构进入转型期，由土地带来的政府直接收益（税费收入和土地出让金）和间接收益（土地融资）的大幅减少，地方政府筹集城市建设发展资金明显不足。

2009 年，国家为应对金融危机，出台了未来两年 4 万亿元左右的投资计划，强力拉动了建筑业的较快增长。建筑业整体受益于各级政府加大保障性住房、新农村建设、重大基础设施和生态环境等大规模基建项目建设。但 4 万亿投资使得中央建筑企业的产能急剧扩大，在全球经济放缓的今天，要稳定发展、快速增长，中央建筑企业无疑需要持续业务作为支撑。

正是在这样的背景下，地方政府邀请央企投资地方项目的热情愈来愈高涨，在地方政府眼中，手握重金的央企显然是解决地方投资项目资金缺口和兼并重组本地企业的大好对象。中国建筑在 2009 年成功上市后资金雄厚，既要解决产能的持续扩大后的持续经营，又有央企获得的宽松信贷政策优势，积极参与 BT 经营模式也就顺理成章。

（二）参与 BT 投资建设的现状

BT 作为集投融资、项目建设、政府特许经营与回购等行为于一体新兴建设模式，在我国正日益引起重视。中建、中铁、中交等中央建筑企业都在积极尝试。开展 BT 业务具有以下好处：其一是能在初步设计概算或施工图预算不下浮（或下浮较少）的工程造价水平获得总承包任务，获取较高施工利润；其二是通过错位经营，发挥资本与建筑业全产业链服务的优势，拓展承包施工市场；三是搭建政企合作平台，争取优惠政策，实现共赢格局；四是转移或消化产能过剩的问题。

为了撬动更多的资源，获得资产规模效应，中国建筑在总部设立了投资管理部、基础设施事业部等部门，负责基础设施领域具体项目的投资、建设和运营，各工程局也积极参与其中。面对当前房地产市场宏观调控和紧缩的货币政策，中国建筑顺应国家政策导向，强化投资策略调整。总公司还会同有关单位，加大了谈判力度，优化了投资项目商务条件，提升了投资质量。武汉四环线开发建设项目涉及总投资 280 亿，廊坊基础设施综合开发建设项目实现了融资模式的创新，深圳地铁三期合同额 100 余亿元，株洲 BT 项目在回购条件上取得了较大突破，

并实现与土地的联动，也为BT项目实施和运营管理开拓了思路；各工程局也大展手脚，如中建五局成立了投资管理公司，建立起责任更清晰的投资运营集约化管理平台。同时，中国建筑还通过资本市场以及成立产业投资基金、实施股权合作等方式，实现了融资多元化，打开了项目融资的新局面。

但是，在项目实施过程中，也存在部分项目不同程度的政府违约、项目审批的合法性不足、征地拆迁滞后、地方政府延期支付回购款等问题。

二、中国建筑参与BT模式建设所面临的风险及对策

相对于传统的建筑承包方式，由于BT涉及投资、融资、建设、转让等一系列活动，当事人与参与人包括政府机构、项目业主、项目公司、物资设备供应商、融资担保人、商业银行、保险公司等，相互间法律关系复杂，作为长期以来处于建筑施工领域产业链下端的中国建筑，在向产业链上游迈进的转型过程中，稍有不慎可能产生巨大风险。

此外，地方政府用未来财政收入和土地收益作为基础设施建设的保证，通过BT模式融资建设基础设施建设，对企业来说，这样一种透支行为，本身就存在较大风险。

(一)项目选择风险及对策

项目选择风险：我国BT项目并非完全意义上的BT项目，部分地方政府假借BT之名，实质为垫资施工。有的项目仅有招标单位自身出具的还款承诺而无任何实质性担保，有的在征地、立项、规划上明显违反基本建设程序等等，风险不可忽视。

1、太原南站西广场综合交通枢纽BT项目简介

太原铁路南站西广场工程是我国铁路“十一五”规划石家庄至太原铁路客运专线的重要配套工程，是山西省重点工程。

作为石太客运专线和太中银铁路的终点和起点，太原南站综合交通枢纽是一个集高速铁路、普通铁路、地铁以及公交、出租等市政交通设施为一体的区域性综合立体交通枢纽。建成后将成为华北地区第二大交通枢纽。该项目的建设对于增强太原市的城市辐射力，提升太原市在全国铁路网中的地位，缓解城市交通压力及确保轨道交通工程如期建成具有决定性的意义。

工程范围主要包括综合交通枢纽工程及商业建筑工程，占地面积约17万平方米，总建筑面积约20万平方米，投资估算约为26亿元。其中综合交通枢纽工程包括综合换乘大厅、地铁车站、公交车场、出租及社会车场、区间A、B、C段7个单位工程，建筑面积约10万平方米，轨道交通预留区间790延米。

2、对策

在太原南站西广场BT项目选择过程中，中国建筑在综合衡量自身的经营特点、业务能力、资本实力等因素的基础上，重点考察论证太原市近年来财政状况、诚信度等项情况，从以下几方面进行了尝试：一是加强前期调研，通过对项目进行的调研，综合评定太原市政府负债率较低，回购风险较低；二是在业务领域选择上，交通枢纽项目系本企业比较擅长、熟悉的经营建设领域；三是在投资区域选择上，本项目系山西省重点工程，又是山西省经济发达、政府诚信较高的省会城市重点公用和基础设施、标志性建设项目；四是本项目具有太原市人大、政府主管部门批准的立项、环评等一系列合法文件，工程施工与技术难度适当，工期要求合理，投资额度在可承受范围内，五是太原南站西广场BT项目也是中国建筑同期收获的城市基础设施BT项目中规模最大的项目，同时该项目也是山西省重点项目、民生项目，太原市第一个BT项目，对中国建筑进入太原市基础设施投资领

域、积聚人脉、积累经验、培育人才意义重大。因此，中国建筑选择该项具有战略性、能培育未来市场或新的增长点的项目，希望通过 BT 模式切入高端市场，培育企业的管理经验、人才、技术，培养业绩，获得市场准入，为企业的未来发展做准备。

（二）项目合法合规性风险及对策

1、项目合法合规性风险

BT项目的合法合规性包括项目主体、标的、采购的合法合规性等三方面。BT 项目主体的合法性主要体现在政府确定或授权执行 BT 项目的业主单位，确定项目投资收益、回购方式、资金的来源以及回购担保及保障措施等；项目标的合法性包括规划、立项、可研、环评、土地等审批手续是否完善；项目采购的合法性主要指项目的采购过程是否符合政府采购法或招投标法。

2、对策

BT 项目的实施方式要获得政府的充分许可，除了需要政府的认可外，还需要人大和有关行政机关的批准。项目回购资金来源要予以明确，以确保项目能够按照使用财政资金的正常程序执行，给 BT 项目以充分的支撑；项目标的的规划、立项、可研、环评、土地等审批手续要核实其完善性；项目采购要采用邀请招标、公开招标、竞争性谈判等方式进行，尤其施工总承包单位与投资人为同一单位时，要通过公开招标方式，一次性招标投资人和施工人，否则将会产生二次招标的风险及关联交易的法律性问题。

具体到太原南站西广场 BT 项目，我们针对可能出现的各类风险采取了以下措施：

（1）为防范政府回购风险，项目初期落实了项目合法合规性审批文件，包括可行性研究报告及批复、工程征地拆迁、环评报告、建设项目选址、建设工程规划许可、建设用地规划许可、勘察设计、地震评价等项目建设程序所需批准文件，当地政府对本项目采用 BT+ 总承包模式进行建设的批准文件。明确回购主体、回购流程并及时签订《项目投资回购合同》，取得当地人大对投资回购款列入年度财政预算的批准文件。

（2）项目建设过程中投资人面临着各类风险，包括政治风险、法律风险、经济风险、技术风险等等。太原南站西广场交通枢纽 BT 项目从立项到合法取得投资权和施工总承包权，到如今基本完成建设并得到太原市政府的充分肯定的整个运作过程中，也面临着各方面的困难和风险。为此，我们重点从以下几个方面对交通枢纽 BT 项目的过程经营风险的规避及防范进行探讨：

①回购风险控制是项目投资建设中的核心

（a）认真磋商，重视 BT 投资建设合同的签订。BT 项目投资建设合同谈判前尽可能考虑到建设过程中可能出现的问题，认真分析风险项，并逐一落实。重点考虑建设期内甲乙双方、监理、设计等相关参建方的责任义务，财审中心对于工程预算、回购基价、费用调整、签证变更的审核、确认流程和方式，工程计量的流程，回购款的支付方式，工程变更、设计优化、签证确认的流程，甲乙双方违约责任。本工程《投资建设合同》签订基本已具备以上内容。

（b）依法成立项目公司并就投建建设、项目移交、项目回购的相关主体权利义务的承继等达成一致意见，签订四方补充协议，环环相扣，规避合同法律风险。在各项合同中对于争议解决条款给予充分重视，发生争议时尽量采用友好协商方式，若协商不成可采用仲裁方式，慎用法律诉讼方式。

（c）积极策划追加工程计量流程及人工费等调价补充协议。工程计量流程已由太原高铁公司颁发，人工费调整文件正在洽谈中。

②效益风险控制

（a）充分利用工程局在施工管理方面、人

力资源等的优势和实力，将工程局纳入履约体系，并通过与建设单位、监理单位紧密联系的基础，让建设单位、监理单位接受设置的内部施工组织机构，以便工程施工顺利开展。内部与工程局订立《施工管理与经济责任协议书》，同时充分发挥投资公司/指挥部的督促、指导、整体协调的作用。激发工程局自身的项目履约、商务策划、现场管理优势，同心协力，风险共担、收益共享。

（b）把握时机策划商务增效：合同谈判前期，对太原市场行情摸底调查，针对人工费、措施费等地方计价依据明显偏低的项目及最新造价文件的出台，具体策划。在合同谈判中留下伏笔，就投标期与施工期的时间差明确计价依据按新最新计价文件执行（投标期使用的是2005年山西省计价文件，施工期颁布了2011年山西省计价文件）；合同中约定：人工费原则上按最新计价文件执行，当出现较大波动时，另行协商；措施费也明确可按相应措施方案报甲方审批并计算费用。建设期间，把握主动地位，策划就人工调整签订补充协议。

（c）积极策划合同外新增工程，现场签证、变更、洽商，完善所需的甲方指令、现场会签单、设计变更单等相关资料，与财审中心积极沟通，落实上述项目的确认流程，并力争在项目建设过程中取得财审中心的确认，以保证取得更大效益。

（d）积极与甲方协商、确认重要物资、材料、设备的采购流程、认价流程，和其他无计价依据的物资、设备、材料的认价流程，做到提前策划、提前采购、提前认价，避免损失，争取收益。

③其他风险防范

为增加项目风险控制能力和有效的防范，项目公司针对本工程投保了并签订了《建筑工程一切险及第三方责任险合同》、《意外伤害保险合同》。

（三）融资风险及对策

1、融资风险

由于部分地方政府在BT项目实施中，无法提供有效的资产作为抵押，主要以土地出让收益、配置地块出让收益等作为还款来源和担保，要实现项目融资是不现实的。因此，BT项目的融资主要依靠投资人本身的实力，对银行提供担保获得贷款。因此，产生融资风险的主要原因与中国建筑的融资能力、项目建设规模和前期工作准备情况、项目执行过程中的变化、经济政策变化等因素有关。

2、对策

中国建筑开展BT业务的资金来源渠道主要有三种：一是自有资金，二是银行贷款，三是通过股票上市或发行债券的方式融资。由于国资委严控中央企业对外担保、借贷规模和资产负债率，在目前企业资产负责率相对较高和宏观信贷政策趋于收紧的情况下，如何确保既筹集到BT项目建设所需的资金又能让企业资产负债率控制在国资委规定的范围之内，是中国建筑开展BT业务需要认真研究的课题。对此，中国建筑必须改变传统的融资思维模式，加大融资工具的创新力度，尽量在项目正式签约前确定金融机构的贷款意向并准备备选融资方案及投资超支应对措施，以尽量降低投资资金不到位的风险。在融资协议中锁定融资成本或在BT协议中约定分散这一风险的措施，降低融资成本变化的风险，减少企业的资金压力。

太原南站西广场BT项目在融资过程中积极借鉴中国建筑在阳五高速BOT项目及其他BT项目融资过程中积累的成功经验，先后积极对接工行、建行、国家开发银行等金融机构，进行多轮洽商，并按照银行相关要求积极提供了人大批复、施工许可证、太原市人在关于批准太原市政府《关于太原南站广场项目BT投资回购资金列入年度财政城建预算计划的决定》等合法合规文件，并充分利用中国建筑的良好信用进行担保，顺利实现了融资目标，确保了项目的顺利实施。

（四）完工风险及对策

1、完工风险

项目完工风险主要表现在工程延期。工程延期将直接影响到项目的成本和投资回收。导致工程延期的因素很多，如征地拆迁、设计变更、施工管理水平、不可抗力等，这将影响到施工进度，情况严重的甚至可能使工程停工。从而增加企业的建造成本，以至于影响到投资的正常回收。

2、对策

企业应在进行风险分析时将各种影响征地拆迁工作的因素调查清楚，并对工作计划有一个估计，同时应在 BT 合同中明确由于政府征地拆迁等工作延迟导致的投资建设方损失的补偿方案，从而控制此项风险。

同时，要强化项目自身管理。要组建好项目领导班子，并设计好项目的管控模式，精简机构，配置精干的管理人员。其次，要健全项目法人责任制，要切实项目过程控制。要以“质量、工期、投资”三大控制为重点，按照“精细化、程序化、标准化”的要求，切实加强项目建设管理，合理降低工程造价，确保项目建设稳步、快速、安全进行。

太原南站西广场 BT 项目采用 BT+ 总承包模式，但项目公司投资费用不包含征地拆迁和移民安置费用，不承担相应的工作任务；项目前期工作（包括立项、可行性研究、规划、环评、征地拆迁、地质勘察、初步设计、施工图设计、施工图审查、电力及市政管网迁改以及工程施工所需的配套服务）及其审批手续由太原高铁公司负责。项目建设期间，由征地拆迁滞后、规划设计变更等因素影响项目工期，可能造成在合同建设期内无法完成建设任务的现象。针对这一风险源，我司积极应对，通过积极协调及商务运作，及时与业主签订了工期调整的补充协议，规避了工期风险。同时，针对该项目设计变更量大、频繁等现状，积极与太原高铁公司、设计院等相关单位协调，完善设计变更、新增工程等工程变更管理流程，降低因此产生的各项风险。

再者，项目内部管理实行项目公司和指挥部“一套人马、两块牌子”的管理模式。项目公司董事长主要负责对项目公司重要事项进行决策和协调；项目公司总经理对本项目负全面责任；指挥部指挥长负责项目现场组织实施工作。总经理和指挥长就项目重大决策事先沟通，采用联席会议的形式进行协调和决定，并相互支持和配合；其他班子成员按“一套人马”的原则承担相应职责。项目公司与指挥部相应部门实行一套班子、合署办公。

根据太原市政府对本项目确立的总体建设要求，中建股份对建设目标进行详细分析，对项目实施进行了全面策划；项目公司经对目标进行分解，确立了工期目标、质量目标、安全目标及文明施工目标，通过采取相应措施，并经指挥部与各参建工程局签订目标责任状，层层确保目标的实现，

（五）成本超支风险及对策

1、成本超支风险

如不能有效控制建设成本，不但收益水平会降低，同时也会增加自身再融资的压力。影响工期的因素如征地拆迁、设计变更、施工管理水平、不可抗力等同样会影响到建设成本。除此之外，对建设成本产生影响的还有材料价格上涨、融资成本增加、自身管理不善等因素，这些因素既有政府方面的原因也有项目公司自身的原因以及其他客观情况的影响。

2、对策

在对成本超支风险进行分析时需要对每项影响因素的产生原因和后果、发生的概率分别进行分析才能较为客观地体现此项风险的全貌，并找出各种应对措施，以降低此项风险给投资

建设方带来的损失。如果由于政府方面因素引起成本超支，一般可以通过获得补偿并顺延工期的方式降低其影响；如因为企业自身因素引起成本超支，则需要企业采用加强工程管理并辅之以转移风险等方法控制此项风险；如因为不可抗力、政策变动等因素引起成本超支，则需要采取分散风险的方法在项目相关方中选择有能力的一方或多方承担此项风险。

为应对成本超支风险，太原南站西广场项目以强化工程过程控制为重点，突出做好以下三方面工作：

（1）协调工作方面

面对工程前期现场拆迁滞后、图纸提供不及时，多家施工单位同时施工，交叉面多，相互干扰大等不利条件，不等不靠，迎难而上，一方面督促高铁公司尽快完成拆迁工作，另一方面依据现场实际情况，因地制宜，科学组织，采取见缝插针的办法，展开施工；牵头召开专题会议，敦促各方对出图时间予以确认，对设计进度进行有效的控制。

（2）工程进度管理方面

成立了施工进度协调小组，根据合同和业主要求，编制施工计划，出现偏差及时分析原因，研究对策，采取措施，确保按期完成。

通过开展季度劳动竞赛活动、“大干百天活动”、“抓重点、保节点”、季度工期节点目标奖励计划以及成立党员先锋岗、青年突击队等活动，使得工程安全优质地快速向前推进。

（3）坚持过程控制

标准化作业，把主体结构验收放在首位，抓好质量与安全管理，使工程质量始终处于受控状态，安全施工一直处于良好运行状态。

（六）项目回购风险及对策

1、项目回购风险

BT项目与BOT项目的主要区别在于没有运营环节，BT项目比BOT项目少了经营风险，但BT项目投资的回收主要依赖于政府回购，因此回购风险将集中在政府履约上。由于部分地方政府主要依靠土地收益来支付回购款，政府财政在土地价格受影响和出让规模受影响后，造成无力支付回购款，出现了违约，易造成回购风险。

2、对策

企业对于BT项目的投资必须加强对拟投资地区政府信用的调查，对政府信用的预期作出正确判断。同时，要明确项目回购的资金来源，对项目回购资金是否纳入当地财政预算、项目是否充分获得有关部门的审批、回购担保的主体或抵押物的资格是否能满足合同金额要求等要进行充分了解，要把政府换届等因素都要纳入对项目回购风险评价的考察范围。此外，企业应与政府建立良好的合作关系，在政府信誉良好的区域，支付回购款情况较好的区域集中投资，减少分散投资的风险。同时，还要注意做回购前的各项基础准备工作。我们知道，影响回购的两大因素是：

（1）回购基价确认，包括：预结算审定、人工费单价确认、工程定额与签证的认定、已完结构提前结算、通过公开招标方式解决材料设备的认质认价。这方面我们重点做了以下三方面工作：

一是进一步建立健全了各种商务流程及工程款支付流程，理顺了与总包单位的商务关系；二是进一步对接财审，促进工程量审核、现场签证认定等项工作的开展；三是经过与财审、高铁公司等单位多次商讨、反复论证，确立了公开招标形式认定材料、设备价格的模式。目前，此项工作正在进行中。

项目进行过程中，项目公司商务工作主要是协调总包和财审，做好工程核量、洽商变更及现场签证的认定，以及定额、造价信息以外材料、设备认价问题。这其中余地最大、占总造价比例也比较高、我们最值得争取的是材料、设备的认价问题。据了解，廊坊BT模式是政府补了11个点，项目公司占7.5个点，余下3.5个点给总包，总包还可以跟分供商谈下几个点来。但太原BT项目的情况不一样，太原财审中心有一套完善的询价系统，给出的价格基本上是市场底价。为了解开套子，使设备、材料招标采购工作顺利进行，我们经过多次内部讨论，包括找专业的招标公司参与论证，详细分析了公开招标的可控程度，形成了成熟的一套招标技巧，最后又与高铁、财审多方沟通，以合同为依据，确定了公开招标、结果共同认可的模式。目前，该项工作进展顺利。

（2）工程验收，首先完成交通枢纽工程验收工作，为及时回购创造条件。

目前，太原南站西广场地铁A、B区间段的验收工作已经完成，地铁车站结构验收工作正在紧锣密鼓地进行，结算资料已上报到太原高铁公司，正在与财审洽商过程中。

三、结语

本文以太原南站西广场BT项目为载体进行分析，根据BT合同约定，受本项目“BT+施工总承包”模式局限性影响，本观点无法覆盖所有BT模式下的项目管理，且与其他“设立项目公司的总承包BT模式”有所不同，其特殊性和局限性主要体现在以下方面：

（1）项目公司非项目建设期的业主，但又履行项目业主的部分职能。主要表现在以下方面：

①根据BT合同，项目业主为合同甲方即负责项目回购及运营的太原市高速铁路投资有限公司（以下简称高铁公司），中建股份通过投标并中标取得项目投资权和施工总承包权，除负责项目的投融资、总承包施工外，还承担建设管理等工作；

②项目设计、监理由高铁公司负责招投标和日常管理，项目公司与设计、监理单位无直接合同关系，但日常工作中项目公司往往承担高铁公司对其的部分管理任务和责任；

③项目回购基数未采用双方共同认可的工可估算、初步设计概算批复值包干形式，其回购基价根据工程实际发生以高铁公司收购项目全部资产的对价确定，项目建设过程中回购基价除合同约定项目外，调整费用由高铁公司审核并报太原市财审中心审批确定，项目公司负责其申报和审核。

（2）项目采用“设立项目公司的总承包BT模式”，部门内容无法覆盖或区别于“不设立项目公司的总承包BT模式”和“设立项目公司的二次招标BT模式”。主要表现在以下方面：

①监理单位不负责工程款支付的审核工作；

②项目公司投资费用不包含征地拆迁和移民安置费用，不承担相应的工作任务；

③项目前期工作（包括立项、可行性研究、规划、环评、征地拆迁、地质勘察、初步设计、施工图设计、施工图审查、电力及市政管网迁改以及工程施工所需的配套服务）及其审批手续由高铁公司负责；

④中建股份成立项目公司的同时，设立指挥部对工程建设实施进行管理，项目公司与指挥部采用“一套人马、两块牌子”的管理模式进行管理，管理过程中在投资控制、品牌建设等方面存在一定的局限性。

（3）受项目建设期存在不足的影响，存在一定局限性。

虽然项目采用“BT+施工总承包”模式，但对于投资效益最大化的BT管理与成本控制最小化的施工总承包管理在概念及其管理内容和重点上还是存在诸多差别，作为投资项目管理，一方面致力于取得最大的投资收益，另一方面通过投资获得品牌效益赢取更多市场，从而更好地带动施工总承包业务的快速发展；作为施工总承包管理，一方面致力于控制施工成本取得最大的总承包利润，另一方面通过按期、保质、保量地完成施工任务，保证投资（下转第8页）

建筑企业基础设施项目投资风险评估及应对

姜呈家

（中国建筑基础设施事业部，北京　100037）

随着我国经济水平的不断发展，城市化进程逐步加快，人民生活水平也不断提高，对公路、铁路、地铁、机场、电厂和水厂等公共基础设施的需求越来越大，仅凭政府财政资金难以满足这种需求，因此由商业主体参与基础设施项目的投资模式逐渐兴起。但是，由于基础设施投资具有投资周期长、投资数额大、投资风险高等方面的特点，使得投资的不可预见因素增多，大量的不确定性伴随着风险评价的整个过程，因此有必要对基础设施投资建设项目进行风险分析和评估，以便对企业基础设施投资决策提供参考意见，并对基础设施投资风险提出应对措施，实现投资回报预期。

一、投资风险因素分析

关于风险最经典的定义是“遭受损失的一种可能”。在投资领域，投资风险不仅会造成收益的减少，甚至会导致本金的损失。一般来说，风险具备下列要素：事件、概率、后果以及原因。对引起基础设施投资风险的相关因素进行分析，在定性分析相关因素的基础上，结合风险概率、影响等因素进行定量分析，在分析结果的基础上作出恰当的投资决策。如图1所示。

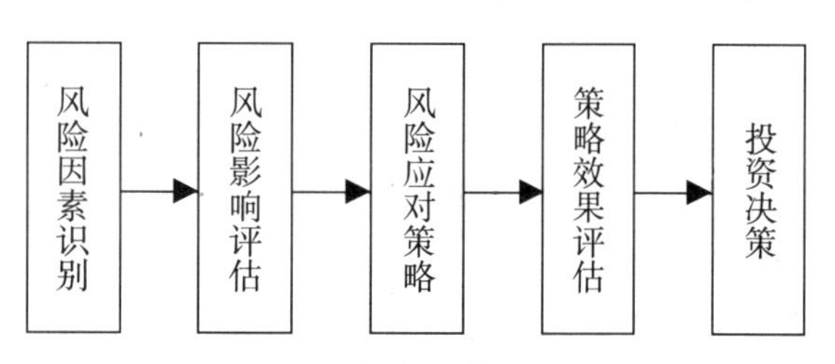

图1　投资决策过程

风险因素的识别是用系统的观点从全局出发，分析投资项目的各个方面和运行进程，将复杂的系统分解成简单明了的项目，从错综复杂的关系中找到影响目标的主要风险因素，并分析它们各自对整个项目的影响程度，主要包括确定风险的来源、产生的原因、本身的特征以及风险对项目投资收益带来的影响等内容。

在基础设施投资的风险因素分析中，风险的来源可以分为两大类，即：外部风险和内部风险。外部风险的因素来自于宏观环境，以及行业环境。内部的风险来自于投资的模式，以及项目运营。通过德尔菲法、头脑风暴法，本研究将这四个方面的风险因素层层细分，由较为笼统的表述逐层细化具体层面，并判断各影响因素的发生概率以及影响效果，为整体投资风险分析提供依据。

（一）宏观环境因素

宏观环境是对基础设施投资产生广泛影响的政治、经济、文化、技术等方面影响因素。基础设施建设项目的运作受到该方面因素直接或间接的作用。如图2所示。

政治因素是指对组织经营活动具有实际与

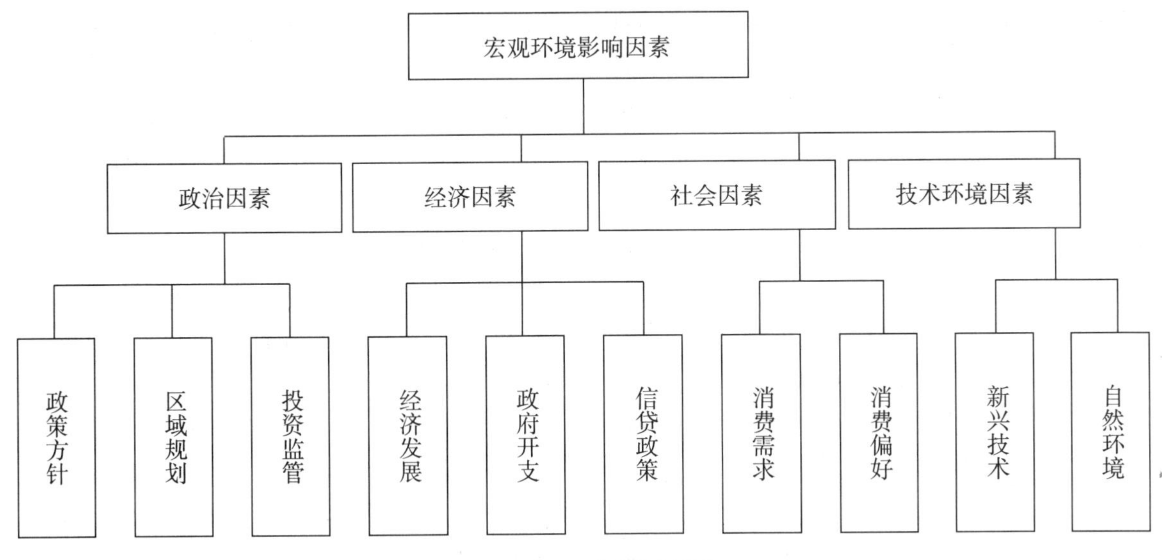

图 2　宏观环境影响因素

潜在影响的政治力量和有关的法律、法规，涉及项目的选择、建设、运营、移交的全过程。在我国，政治环境相对稳定，但是政府的方针特点、政策倾向以及对组织活动的态度和影响是不断变化的，重大的政策变化可能会产生投资增加、审批失败、工程停工等结果，从而导致投资目标难以实现。通过对相关资料的分析以及头脑风暴讨论，对基础设施投资有影响的主要有：国家政策方针，它是国家发展的全局性规划和国家党政机关的行动准则，规定了在一段时间内的发展重点以及方式。基础设施投资作为经济活动中的一部分，因此受到国家政策方针的影响较为明显。重点发展的领域，国家投入力度大，政策倾向优势明显，投资所带来的风险小、回报高；区域发展规划，是一个地区的发展蓝图，规划所涉及的配套设施、路网结构等交通区位因素将对项目选址的合理性产生影响，选址合理的投资项目将会增加运营期的收益，降低投资回收的风险；监管法律法规对于基础设施建设的投融资行为有着规范和约束的作用。基础设施的建设都需要获得政府许可证、特许经营权或其他形式的批准之后才能投入建设。任何与项目有关的法律法规上的变化都有可能造成项目的法律风险。

经济方面的要素，是指一个国家的经济制度、经济结构、产业布局、资源状况、经济发展水平以及未来的经济走势等。由于企业是处于宏观大环境中的微观个体，经济环境决定和影响投资的决策。对于基础设施投资影响较为直接的经济方面的因素有经济发展水平、财政政策、货币政策方面的因素。经济水平方面，经济增长速度快、稳健，将为基础设施投资创造良好的环境，有利于实现投资目标，保证投资的顺利回收，降低投资的风险；财政政策方面，通过税收和政府支出两种方式直接影响政府财政收支状况，政府财政对基础设施建设投入大，投资回收的风险相对就较小；货币政策方面，调节货币总量直接会影响到基础设施投资的融资规模和融资成本，当实行积极的货币政策时，货币总量多，利率低，因此融资成本低。

技术自然条件方面，影响基础设施投资的两个主要因素为新技术的应用以及自然地理环境。新技术的应用有利于减低成本、提升效率和保证质量要求，但也存在新技术施工的应用风险，若在新技术的使用过程中出现质量缺陷和工期延误的问题，将会导致项目施工成本的增加；自然地理环境影响，除了考虑不可控自然灾害对工程建设造成的不可抗损失之外。建设项目所处的自然地理环境，例如地下、水中等施工位置，将会影响着投资项目建设的难度和风险，如果在投资前期未能预估和规避该方面因素可能带来的损失，将会对项目投资收益带来严重的影响。

社会人文环境对基础设施投资影响，主要体现在相关消费行为以及偏好和对于基础设施建设的需求。这不仅关系到政府的投资决策，更对将来项目建成后的经济收入产生重要影响。

宏观环境是客观存在的，企业可控性较弱，在投资决策中应该对基础设施投资影响较为深刻的主要因素进行全面的考虑和分析。

（二）行业环境因素

行业环境属于中观环境层面，对于基础设施建设投资有较为直接的影响，根据波特行业分析模型，在结合基础设施行业特点的基础上，我们将影响投资风险的主要因素归结为以下三个方面：行业政策、原材料供应和业主（政府），如图3所示。

行业政策，指的是跟基础设施建设所涉及行业发展相关的各项法律法规，是国家宏观政策在细分行业中的体现，对该行业中的经济活动有直接的影响：政策导向是政府对行业发展方向的引导，政府对行业的鼓励，将会有更多的政策优惠和资金扶持，有利于项目的审批、投资、建设以及运营回收，降低环节的风险；行业监管，是国家相关部门对于行业经济活动的规范和国家或地方政府对于行业的规范性要求，行业监管政策对融资手段、资产负债率等方面的要求影响着项目的合法性以及审批风险。同时，国家监管政策与地方政策产的冲突，也会可能会对项目产生不利的影响。

原材料供应商在基础设施建设过程中，原材料、机械设备、劳动力价格的波动对建设成本有着直接的影响，从而会导致投资回报难以达到预期的利润水平，甚至引起本金的损失。

现行体制下未来一段时期基础设施建设仍将以地方政府为投融资主体，其财政实力、债务结构、信用水平和相关保障措施直接影响着投资项目的顺利进展以及资金回收等方面的风险程度：还款保证主要来源于政府担保，包括实物资产担保、权益性资产担保和金融性资产担保等依法可以转让或者变现的担保措施，政府提供的措施对于投资回收的风险有一定的化解作用；政府的信用水平，是社会公众对一个政府守约重诺的意愿、能力和行为的评价，如

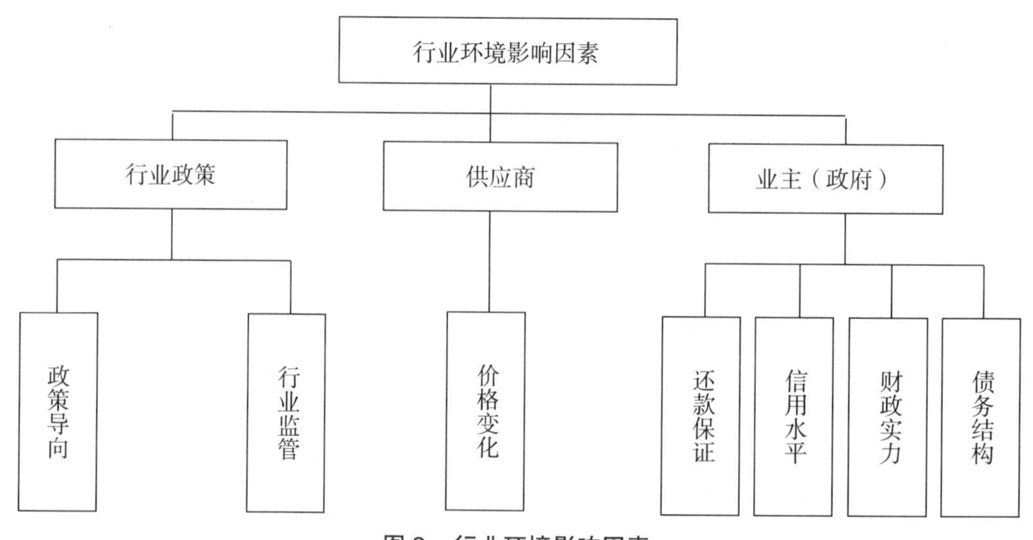

图3　行业环境影响因素

果政府信用较低，那么就会出现违背承诺或出现提前回收的情况出现；政府的财政实力和债务结构，是政府回购能力的体现，与财政实力较强、债务结构优化的政府合作，回收期资金不能按时到位的风险就较小。

（三）投融资模式因素

考虑到基础设施项目投资周期长、投资金额大以及运营风险的不确定等因素，仅以企业自有资金以及管理能力很难满足资金和管理方面的需求。为更好地参与基础设施项目并缓解上述矛盾，经过长期的探索以及实践，多种投融资模式逐渐地成熟，并在基础设施投资领域广泛应用。

投资模式主要有“建设－移交”（BT），“建设－经营－转让”（BOT），“移交－经营－移交”（TOT），“公私合营”（PPP）以及以土地收益平衡基础设施投资模式等。BT模式是指由项目发起方（政府或所属机构）通过公开招标方式确定项目投资方，并与项目投资方签订投资建设协议，由项目投资方承担整个项目的融资、投资和建设等任务，并承担相关风险，项目完工并经过验收合格后，由项目发起方对项目进行回购，并按照协议约定分期支付项目总投资并加上合理的投资回报。大多数公益类的项目采用此种模式，此种模式的主要风险为项目回购风险。BOT模式又称为特许经营权模式，是指政府授予投资企业项目特许经营权，由投资企业负责项目融资、投资、建设和运营等，投资企业的项目投资主要通过项目运营收入来偿还。一般情况下由运营收入且运营收入能够覆盖项目投资的项目宜采用此种模式，此种模式的主要风险在于项目的运营收入的大小能否覆盖项目投资。以土地收益平衡基础设施投资模式是指企业作为土地整理开发的主体，企业负责土地整理开发的融资、投资及整理开发工作，企业项目投资主要通过土地增值和经营收益来平衡。此种投资模式的主要风险在于开发土地区域未来的发展空间和土地的出让价格的高低。

融资模式整体上可以分为以下几个大类：债务性融资、权益性融资以及其他新兴的融资模式。债务性融资是我国最为典型的融资模式，基础设施投资企业通过银行贷款或者发行债券等方式筹集资金；权益性融资主要针对可经营的、具有长期稳定收益的基础设施。投资企业在获取项目经营权后，吸引投资者以股权方式参与项目投资建设和运营，并分享投资收益。常见的投资企业以上市融资及通过私募股权基金等方式进行项目融资；新兴的融资模式包括资产证券化、产业基金投资等主要方式。

风险大小取决于投资模式，不同的投融资模式，作为投资企业面临的风险因素也各有不同，因此所带来的收益也有所差别，因此需要根据不同的模式，考虑投资的可行性，并做出相应的决策。

（四）项目运营因素

项目的运营因素涉及投资项目的具体内容，主要包括投资的领域、项目规划、工程建设、运营收益等四个方面的因素，如图1所示。

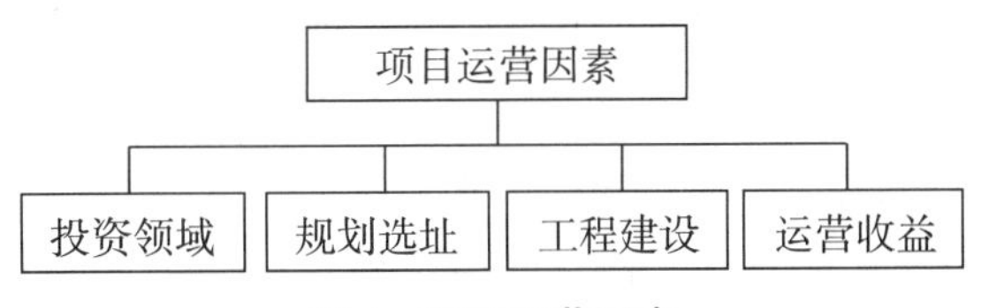

图1　项目运营因素

基础设施的投资领域包括路桥、铁路、城市轨道交通、电厂、水厂等涉及民生的基础工程，不同的建设项目在外部环境的影响下所面临的风险均有不同，国家鼓励发展的行业，投入力度大，政策倾斜，因此投资风险就较低。

项目的选址、规划，对项目投资的顺利开展和建设施工以及后期的运营起着决定性的作用，因此在项目投资之前，应仔细分析区域因素以及城市规划等方面对投资回报方面的影响。BOT项目中，项目选址的合理性决定了运营期的收益，从而对投资收益构成风险。

工程建设过程中，设计优化程度决定了建设期投资大小，设计方案决定了建设期风险程度。工程的施工技术和方案将会对施工总承包单位带来技术风险，该类风险的出现将会导致投资的增加以及工程不能按期完成造成延期的风险。

运营收益，是投资能否顺利回收的重要因素，尤其是对于BOT、PPP等投资模式的项目。在扣除管理成本后净利润大且稳定的项目，回收期的风险相对较小。

二、投资风险因素评估模型

形成建立基础设施投资风险的相关因素评价指标体系，建立风险因素分析的评估模型，结合风险因素的指标权重和概率以及财务指标影响等因素进行定量分析，在分析结果的基础上作出恰当的投资决策。

(一)风险因素评价指标体系

通过采用德尔菲法对投资影响因素的综合定性分析，建立风险因素综合模型，由于投融资模式决定着项目的资金流结构、项目的运营模式和风险评价指标的构成，不同的投融资模式，作为投资企业面临的风险因素也各有不同，所带来的收益也有所差别，因此作为先决判断因素，不纳入评价指标范围。影响基础设施投资项目各方面因素的具体指标，如表1所示。

(二)风险因素指标权重与概率定量分析

确立上述风险指标之后，由于每个指标对于投资评价指标的影响程度不同，即使同一因素对不同的目标(如投资收益、建设工期等指标)的影响权重也不同，在本研究中主要涉及的指标为现金流，因此需要确定相应的权重系数。本研究建立的模型通过AHP层次分析法，以及基础设施投资领域专家打分的方法，确定各影响因素对财务NPV影响的权重系数w，以及相应发生变动的概率p分布。

我们通过德尔菲法和AHP层次分析法的分析得知21个指标对于现金流的影响权重分别为$w_1w_2\cdots w_{21}$，将所有风险因素对于现金流影响的权重系数列入1*21的矩阵当中，可得风险影响权重的矩阵为：

$$(w_1w_2\cdots w_{21})$$

另外，每个风险的发生都有相应的概率p_i，并且服从特定的概率分布，在德尔菲法和AHP层次分析法中，通过专家的综合意见可以得出每个风险发生的概率分布函数$f(E,\sigma)$，其期望值E_i以及标准差σ_i。因此每一个风险的发生概率符合以下的概率分布函数：

影响基础设施投资项目的因素　　表1

指标	一级指标	二级指标	三级指标
投资风险因素	宏观环境因素	政治因素	政策方针 w_1
			区域规划 w_2
			投资监管 w_3
		经济因素	经济发展 w_4
			政府开支 w_5
			信贷政策 w_6
		社会因素	消费需求 w_7
			消费偏好 w_8
		技术环境因素	新兴技术 w_9
			自然环境 w_{10}
	行业环境因素	行业政策	政策导向 w_{11}
			行业监管 w_{12}
		供应商	价格变动 w_{13}
		业主（政府）	还款保证 w_{14}
			信用水平 w_{15}
			财政实力 w_{16}
			债务结构 w_{17}
	项目运营因素	投资领域	投资领域 w_{18}
		规划选址	规划选址 w_{19}
		工程建设	工程建设 w_{20}
		运营收益	运营收益 w_{21}

$p_i=f(E_i,\ \sigma_i)$

同样地，为了表述方便，将其列入21*1的矩阵当中，可以得到风险概率的矩阵：

$(p_1p_2\cdots p_{21})^{-1}$

由于各风险因素对于现金流的影响是在一定概率下发生，因此在结合发生概率的情况下，风险对现金流的综合作用为$g_i=p_i*w_i$，我们将每个风险因素的综合影响因素计算出来可以得到各个风险的综合影响g，将其以矩阵的形式表达，可以得到综合影响g_i矩阵为：

$(g_1g_2\cdots g_{21})=(p_1p_2\cdots p_{21})^{-1}\times(w_1w_2\cdots w_{21})$

(三)风险因素对财务指标影响的定量分析

通过上述的计算过程，确定了各个风险因素的综合影响g_i，在财务指标分析的过程中，为了分析方便，本研究将净现值作为判断依据，各时间节点的现金流作为受到风险因素影响的结果变量。H为风险因素对于各时间节点现金流影响的映射函数，其主要反映的是风险综合影响对现金流的作用关系：

$(CI-CO)_t h_i(g_1,\ g_2\cdots g_{21})$（其中$t$为每期的时间节点）

$(CI-CO)_t$是受到风险因素综合影响之后的现金流，结合对于项目的预期收益率i，将现金流折合为净现值NPV，其公式如下：

$$NPV=\sum_{t=1}^{n}(CI-CO)_t(1+i)^{-1}$$

(n为项目运营周期)

由于风险的发生都是随机的，每一期的现金流，受到风险因素的影响均为风险概率p_i的函数。为了模拟现实情况中风险的发生，将本研究所涉及的所有风险影响全部考虑进去，对于净现值NPV的计算，我们采用学术和工程领域比较常用的蒙特卡洛法进行模拟分析，模拟次数不少于5000次，对所有模拟结果，进行分析，我们可以得到在风险影响下，产生各种可能净现值NPV的概率。

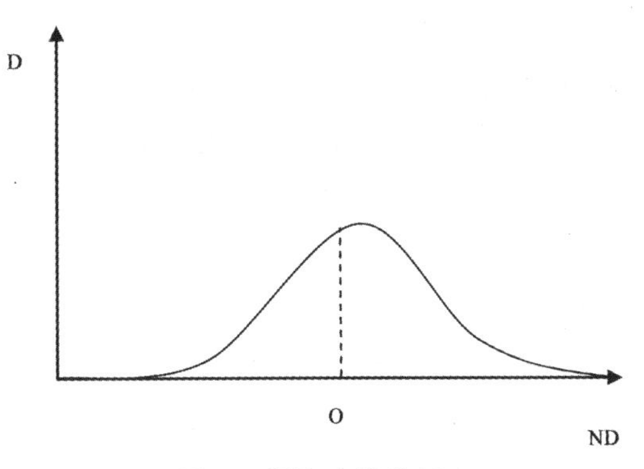

图2　投资决策分析

在投资决策的过程中，图2虚线右边区域的面积，即为在满足收益率i的情况下净现值NPV>0的概率。根据概率的大小及其分布形状等方面的指标进行投资决策。

在实际运用中，考虑到企业的实际情况以及风险应对控制能力或者采取风险控制措施，有可能会减小或规避风险发生的几率，因此再将修正之后的风险概率引入该模型，可以获得基于风险应对策略高风险控制措施后的投资收益期望值，以及其概率分布图。其过程同上，不再详述。

三、基础设施建设项目投资风险应对措施

通过对基础设施建设项目投资风险因素的定性和定量分析，提出以下应对措施：

(一)宏观环境中的风险因素应对措施

政治风险指的是政治状况，以及法律法规变化所带来的风险，它可能贯穿于投资项目的选择、建设、运营、移交的全部过程。基本建设的方针、政策（如免税条款等）等因素的变动对投资成本以及收益有较大影响，政治风险企业的可控性较弱。对于此类风险的防范措施，主要采用风险转嫁和规避两种手段。通过与政府在签订合同的过程中，最大程度地将该风险转化为有据可循的合同条款，将可能发生的政治风险，有意识地转嫁给政府方面，或者是在合同中约定共同分担。

宏观经济中的风险，一般指外汇利率、汇率、

通货膨胀，以及国家调控措施等风险等方面的影响。融资阶段，受到宏观经济风险影响较为直接的是融资成本，可以运用期权等金融工具，防范利率波动的风险。采用固定利率的贷款担保或同银行及其他金融机构密切合作，或者运用封顶、利率区间、保底等套期保值技术以减少利率变化的影响；在回收阶段，宏观经济风险主要影响到的是投资收益，除了落实有关的担保人之外，为保证投资收益不受到利率和通过膨胀的影响，在合同条款应该明确回购款中的投资收益部分将随着基准利率的变化而动态地调整。

消费者需求以及消费偏好方面的风险，对于运营型项目的影响较大，直接影响着项目运营期现金流的回收。可以通过消费者调研的方式结合投资区位因素分析的方法，在项目投资可行性阶段认真做好项目的需求趋势的预测，并评估项目运营阶段的收益；向政府争取收益担保来防控风险，在运营期间给予相关的优惠政策，加速投资回收速度，或者在消费不足的情况下，通过补贴的形式来保证最低消费量，并适当延长运营特许期。

新技术的出现存在一定的应用风险，尤其是在可以减低成本、提升效率并被其他投资方采用的时候，投资项目采用新技术的可能性较大。此类风险可控性较强，最好使用有充分把握的设备、工作程序和成熟的技术，或者可以通过对技术转化的认真分析实验，加强施工人员培训，降低风险。对于有创新和更新的设备、工作程序和技术尤其要进行咨询和评估，减少项目施工过程中的无效劳动和由此带来的损失。

自然环境方面的风险，可通过勘察设计以及方案的详细论证减弱施工过程中的影响，并将可能发生的自然因素引发的损失，在合同中因明确规定风险的承担方式。

(二)行业环境中的风险因素应对措施

业主（政府）方面存在的风险，主要影响是否能够回购投资项目，此风险属于回购期阶段的风险，受项目业主的资金支付能力和政府、企业领导人调换等影响，这也是最大的风险。具体的应对方式为：

确保项目本身及操作模式的合法合规性，从项目立项、项目可行性研究、项目环境报评价到项目实施等每一个环节按照法律法规规定履行批准手续，确保项目本身的合法性。另外，项目采用何种操作模式实施（BT或BOT等），除了符合国家法律规定外，还应按照法定程序报经有权国家机关批准，确保操作模式合法合规性；落实相关的可靠担保。

项目担保的种类主要包括实物资产担保、权益性资产担保及金融性资产担保等。实物资产主要有土地使用权、商业住宅以及其他依法可以转让和变现的实物资产，权益性资产主要有非上市公司股权、收费公路的运营权、道路两旁广告资源的运营权及其他依法通过运营可以产生收益的权利，金融性资产主要有公司债券、上市公司股票、基金产品等其他可以依法通过出让获得收益的金融资产。项目投资应要求政府落实资产担保，构建合理的担保结构，依法办理相关担保手续。

选择适当的产权移交模式（比如所有权转让或股权转让），避免关系到模式合规性，资产安全、移交手续等方面所带来的法律风险，并且将交易成本和税费最小化，从而保证项目的顺利移交，达到预期投资收益目标。

供应商材料价格变动的风险，项目投资初期对于项目成本的预估是基于当时的价格因素，但是随着时间的推进，在原材料价格的上涨对于项目建设的成本影响显著。可采取以下应对措施：在合同中明确约定结算采用预算加签证的方式，材料、人工、机械费是依据当地信息价调整，将原材料涨价的风险转嫁给政府；同时，尽快确定分包单位及设备供应商，签署相关协议，将成本尽可能地锁定，以规避市场价格波动的风险；并在项目建设过程中考虑市场行情、按照施工进度安排在价格合适时可以考虑招标集中采购，适当储备部分材料，或者与供货商签订长期供应合同或协议。

（三）项目运营过程中的风险因素应对措施

项目规划的风险，关系到未来的盈利能力，所以应该充分考虑项目所处地方的经济、政策等外部环境对项目的运营影响。根据规划区域以及项目领域双方面结合所存在的盈利风险，向政府协商争取更多的优惠政策。

工期风险，在与分包商签订合同时明确违约责任，支付工程款时预留保证金。在完工日期延误时要求分包商支付违约金，该违约金金额足以保证履行其在协议中的义务。在合同中尽可能列举各种影响完工的因素，以及施工方做出周密的安排，减少不能按期完工的风险。同时在合同中，明确各方在施工中所要承担的风险。

超概预算风险，项目运作过程中存在许多不确定因素，导致工程建安费用、其他费用、预备费上升，从而需要追加投入。可以通过会同设计单位，在合理的基础上优化施工设计，动态管理，保证项目按策划进行，计价也同时跟进，建设工程其他费用按照投标价格由业主包干使用等方式应对风险。

建设期风险，可以通过购买“工程一切险”、“人身保险”、“第三方责任保险”、“施工机械保险”等避免意外风险所产生的成本，对于不能或没有投保的不可抗力引起的风险，应寻求转嫁或共同分担。

建成运营风险的可控性较强，可以采用完善的管理方法达到风险控制的目的，通过招标选择具有较高专业技能与经验的运营商以及专业养护维修企业，减少运营期开支风险，降低项目管理成本，提升运营期利润水平。

综上所述，本文通过层次分析法对建筑企业基础设施投资项目的风险因素进行了分析，通过专家打分法确定各风险因素的权重和发生的概率，并将各风险因素量化为对财务净现值的影响，为建立基础设施项目投资风险定量分析模型提供了思路，最后对基础设施投资各种风险提出了应对措施，希望对建筑企业基础设施项目投资的风险评估及风险规避有一定的借鉴意义和参考价值。

参考资料

[1] 孙星.风险管理[M].北京：经济管理出版社.2007，01.

[2] 朱会冲，张燎.基础设施项目投融资理论与实物[M].上海：复旦大学出版社.2002,11.

[3] 田权魁.模糊理论于AHP相结合的BOT风险研究[J].低温建筑技术,2004(02).

[4] 张敏.市政重大基础设施项目投资风险研究[D].上海交通大学.2006.

[5] 尤永波.T项目投资方的风险评估与对策研究[D].天津商业大学.2010.

[6] 王前超，谭中明.BT模式商业银行贷款的风险及其防范[J].信贷管理.2006（12）.

[7] 杨学英.基础设施特许经营项目的经营模式、风险及财务评价[D].武汉大学.2005.

[8] 张瑜.BOT与BT融资模式的风险比较及应对措施探究[J].法制与社会.2008（04）.

[9] 曾波波.高速公路BOT项目投资外部风险及对策[J].广东公路交通.2011（04）.

[10] 张剑雄.基础设施PPP项目风险评价及控制研究[D].西华大学.2010.

[11] 赵丹青，滕晓燕.BOT投资模式与政府保证问题研究[J].大庆社会科学.2011（08）.

[12] 孙建平，李胜.蒙特卡洛模拟在城市基础设施项目风险评估中的应用[J].2005（01）.

[13] 李力.基于风险矩阵的BOT-TOT-PPP项目融资风险评估[J].昆明理工大学学报.2012（02）.

[14] 梅传书，钟登华，徐海燕.工程建设项目的风险分析[J].工程建设与设计.2000（06）.

[15] 蒋根谋，胡振鹏，金峻炎.基于模拟技术和ANP的房地产项目风险定量评估[J].系统工程理论与实践.2007（09）.

基于中建阿尔及利亚分公司国内采购业务的供应商管理

罗　彬

（中国建筑股份有限公司阿尔及利亚分公司，北京　100026）

中国建筑股份有限公司（阿尔及利亚）成立于1982年，先后承接了松树喜来登五星级酒店、布迈丁国际机场、奥兰喜来登五星级酒店、军官俱乐部项目、阿尔及尔世贸中心、外交部新办公楼、宪法委办公大楼、123套别墅、CMA办公大楼、共和国卫队司令部等具有代表性以及重大影响的项目，并积极参与社会住房项目约8万套。目前在施的项目100多个，包括大清真寺项目、CIC国际会议中心项目、53公里高速路希法段项目，新2万套社会住房项目等，涉及阿尔及利亚社会住房、公共建筑、基础设施等诸多领域，项目分布在阿尔及利亚的33个省。2012年新签合同额22亿美元，营业额10亿美元，实现利润3300万美元。

经过30年的发展，中建阿尔及利亚分公司与阿国外交部、住房部、司法部、国防部、水利资源部、酒店投资公司、国家公寓管理局、各省政府、机场管理局等建立了良好的合作关系；与法国、意大利、德国、比利时、西班牙、阿尔及利亚、突尼斯、土耳其等国各领域的200多家国际知名设计公司、分供商建立了长期稳定的合作平台。中建阿尔及利亚分公司已经成为中国建筑股份有限公司最大的海外经营区域之一，也是阿尔及利亚最大的国际承包商之一。

阿尔及利亚作为资源严重匮乏的国家，项目能否顺利履约很大程度上取决于施工材料的及时供应。通过阿国设立的中国建筑阿尔及利亚股份公司（SPA公司），在中国设立的国内工作部以及在法国设立的博昂公司、阿分公司打造全球采购平台及供应链。此举不但强化了项目的履约能力，还为项目创造了可观的利润空间。

国内工作部作为分公司在国内的常驻服务部门，在职能上最初定位是为分公司提供有效的服务资源、采购平台；伴随着分公司近年来业务的发展和增长，国内工作部已经逐步发展成为在国内为分公司提供采购服务、出口服务，技术支持、劳动力输出、人力专业考评、后勤保障等业务的综合专业性服务平台。

国际工程具有合同主体的多国性，影响因素多，风险大，严格的合同条件和国际规范，技术标准和规程庞杂等特点。国际工程采购既包括单纯的建筑材料等物资采购，还包括按照工程项目的要求进行的综合采购，包括购买、运输、安装、调试等以及交钥匙工程等实施阶段全过程的工作，具有相当的复杂性。

工程物资成本占整个工程成本的比例巨大，尤其是在市场风险较大的海外市场，如何控制好材料采购成本，进行成本控制，是国际工程盈利的关键之一。下面就以中建阿尔及利亚分公司国内工作部采购工作为例，简述工程材料采购过程中的供应商管理。

一、供应商管理的方法

成功的供应商管理需要有高水准的供应商配合，供应商选择是企业一项重要的管理决策。企业需要的供应商越多，就越需要用规范的程序来选择合格的供应商。

（一）建立供应商动态管理系统

1、设立供应商准入条件

供应商必须具有法人资格或独立承担民事责任的能力；遵守国家法律法规，具有良好的信誉，在近三年的经营活动中没有重大违法记录；具有固定的生产经营场所，具备相应的设备、设施条件、技术资质等；具有良好的经营、财务状况，没有重大经济纠纷。

2、建立供应商申请准入资料库

国内工作部建立了供应商资料库，存储申请准入登记表、企业法人营业执照、税务登记证、组织机构代码证、企业法人代码证、企业基本开户行账号；产品执行标准，专营、代理的授权证书，或有关部门的批准的经销商证明。

3、实行供应商准入制度

只有经过严格考核评价的供应商才可以入围国内工作部的合格供应商名录。任何物资采购必须从入围的合格供应商中选择，特殊情况需要在准入供应商以外采购，必须提前书面报告分公司国内工作部主要领导或分公司项目部，获批准后方可按规定程序实施招标、比价采购。在国内工作部统一组织下，定期召开会议，对供应商进行评审、考核，以确定入围供应商目录。

4、建立供应商资信档案

国内工作部会根据供应商的供货记录建立供应商资信档案，随时掌握其主要产品范围、质量、价格、信誉、服务等有关资信情况，以作为评审供应商的基本依据。

5、考评并及时淘汰不合格供应商

国内工作每半年组织项目共同对供应商进行考评，共同填写《供应商年度考核表》，对供货不及时或对所供应的物资经常出现质量问题或因供应商的经营、技术、服务水平不断降低，进而不能保证或影响采购单位生产建设的顺利进行，对这类供应商要及时淘汰。

（二）建立供应商综合考评体系

1、考评供应商的几个方面

（1）供应商的业务

供应商的业务范围越大，它的成本就相应的越低，越需要仔细的考评。对供应商的业务考评具体包括对供应商的成本进行分析，对它交货的质量、速度、安全性、及时性，对企业的信誉、发展前景、业务前景、供应销售网络等各方面内容的综合考评。

（2）供应商的生产能力

有些供应商虽然业务量很多，但是生产设备、生产人员却很缺乏，特别是某些专用或特种产品缺乏生产能力或特定产品的生产能力。对供应商能力的考评具体是指考评供应商的技术合作能力、财务(包括它的销售增长率、市场占有率、库存周转率、资产负债等等这些财务指标，以及现金流动等情况，对财务状况进行考评的难度很大，但是要尽可能地去了解)、设备、制造生产等各种状况。

（3）供应商的质量体系

供应商业务量充足，生产能力很强，在这种情况下还要考察它的质量体系是否稳定。此外还要考察供应商的新产品开发能力、质量检测能力，考察供应商是否按照生产工艺的说明书踏踏实实地完成全部生产。

2、供应商选择评价方法

（1）采购分类。根据采购金额的大小，国内工作部将采购分为三类，即招标采购（合同金额在 50 万美元以上），简易招标采购（合同金额在 2 万至 50 万美元），快速采购（合同金额在 2 万美元以下）。

（2）招标采购要求国内工作部根据采购

具体要求编制招标文件，包括投标邀请书、投标须知、技术文件、合同示范文本等内容。采用公开招标方式进行招标工作。国内工作部会组织同供应商进行谈判，并完成议标记录。对于重要的合同和价格谈判，可以组织项目部、合约估算部、财务资金部、法律部共同采取电话会议或视频会议的方式共同进行。必要时，项目可以安排相关人员回国参与谈判。

（3）简易招标采购要求国内工作部根据采购要求编制投标邀请函，内容包括项目概况、报价内容及范围、报价要求、报价时间、提交报价方式、技术规范与要求、合同文本等内容。采用有限公开招标方式进行招标工作。国内工作部会组织同供应商进行谈判，并完成议标记录。对于重要的合同和价格谈判，可以组织项目部、合约估算部、财务资金部、法律部共同采取电话会议或视频会议的方式共同进行。必要时，项目可以安排相关人员回国参与谈判。

（4）快速采购要求国内工作部根据采购要求可采用书面、邮件或市场询价的方式进行市场询价，填写《快速采购记录》报送项目经理批准。采购询价记录应保留。国内工作部根据批准的供应商和价格，向合格供应商发《采购订单》，订单中需明确物资名称、规格型号、数量、单位、付款方式、送货时间、地点等详细内容。对于采购预算总额在2000美元（含）以下，且为急需的物资，可直接进行市场采购。

（5）对于需要进行样本/样品报批的物资，国内工作部在与项目充分沟通的前提下，依据谈判结果选送供应商产品样本及样品报项目批准。

（6）国内工作会同项目对样本/样品报批结果、采购价格及合同谈判结果等方面进行综合评价，遵循“合理低价中标”的原则确定中标供应商，并填写《供应商价格评价及选择审批表》报具备相应权限的分公司领导批准。

二、发展方向：供应链管理环境下的供应商管理

供应链是指围绕核心企业，通过对信息流、物流、资金流的控制，从采购原材料开始，制成中间产品以及最终产品，最后由销售网络把产品送到消费者手中的将供应商、制造商、分销商、零售商、直到最终用户连成一个整体的功能网链结构模式。供应链管理就是对供应链中的物流、信息流、资金流、价值流以及工作流进行计划、组织、协调与控制，寻求建立供、产、销企业以及客户间的战略合作伙伴关系，最大程度地减少内耗与浪费，实现供应链整体效率和效益的最优化。在供应链管理的集成化链条中，供应商管理处在极为重要的位置，特别是以制造企业为核心的供应链环境下，供应商是否有优异的业绩表现直接关系到整个供应链的竞争力。因此，供应商管理也就自然成为供应链管理的核心工作之一。

中建阿分国内工作部尝试利用上述供应链原理来更好地梳理国内采购流程，完善采购程序，建立同合格供应商的战略合作关系，并努力降低成本，为项目创造更大的利润空间。

（一）从管理层到员工都要转变思路

（1）供应链管理不是简单的一套信息系统，而是整个企业的日常工作流程，是牵一发而动全身的“工程”。企业必须首先改变思路，采用供应链管理这一套新的经营管理概念，根据其自身的行业环境和经营状况，经过仔细的分析，才能制定出一套合用的供应链管理实行办法。

（2）实施供应链管理概念，首先需要企业的管理层和员工改变思路，真正落实“以顾客为中心”，“以核心业务和竞争力定位”和“与其他企业紧密合作”的原则。

（3）落实到中建阿分国内工作部，我们的“顾客”就是中建阿分的各个项目。需要从“顾客”的需求、购买行为、消费偏好来了解项目

的实际需求，针对需求来提供工程物资采购服务。我们的“核心业务和竞争力定位”在于国内工作部的人员组成基本都来自中建阿分归国人员，对阿尔及利亚的项目潜在需求、执行的规范以及采购操作流程都十分了解，可以指导、管理供应商提供符合要求的供货服务。“与其他企业紧密合作”在于中建在阿的业务十分庞杂，需要与大量的供应商建立紧密的合作关系，使供应链交易做到成本最少、效益最大。

（二）内部组建：重新设计流程，并建立相适应的机构和信息系统

（1）落实供应链管理变革，需要从内部开始。在具体运作上，企业需要重新考核其工作流程，订立各个执行单位的架构，并重新确立实物流程，信息流程和资金流程的策略。

（2）在日常业务里，企业的工作流程、管理监察机制、信息分享和管理，都应系统地贯彻执行，落实到每一个交易和工作环节。要提升供应链的效率，就要先仔细分析这些业务流程的细节，排除无效的工作。流程规划必须针对业务特质和工作流程之中各个步骤的操作和关系，尽力将各个程序同步化，并尽量减少环节之间的时间和程序。除此之外，可以通过信息系统减少各个流程的人工处理工作，简化合并或将程序自动化，提高准确性和处理速度。例如目前，国内工作部就在积极利用中国建筑集中采购网络交易平台，结合中建阿尔及利亚分公司集中采购流程，建立一个高效率的切实有效的网上交易平台，以期能够更加快捷地传递采购信息，完成实物购买流程和资金支付流程。

（3）持续有效执行新的流程才有可能实现供应链管理带来的效益，企业需要在组织和信息系统方面配合，并在流程设计时便考虑相关的因素。在机构配置方面，需要调整企业的人力配置和文化，以配合供应链的流程设计。

（三）选择合作伙伴，建立长期的合作关系和有效率的业务流程

（1）供应链管理强调企业间长期合作，故企业必须选择合适的合作伙伴，与合作伙伴进行紧密的沟通和考察，并确定伙伴在供应链的定位和优势，在技术、地理、信息、市场渠道各方面的配合程度，并研究在工作流程、实物流程、信息流程和资金流程的结合。长期合作关系不是一纸联盟，而是在每个交易和业务运作中通过互相配合而建立起来的。企业的诚信、与伙伴在信息和未来策略上进行分享，以彼此的长期利益为目标，才可真正建立长久和互利的合作关系。

（2）要建立利益共享机制。在供应链的利益共享机制中，直接的点对点企业之间合理的利益分配机制是供应链企业利益共享机制的基础。问题是点与点之间企业的利益分配很容易失衡，交易双方中一方利益的过度获取必然是另一方的过度付出，付出方的成本加重将损害其竞争力，由此将引起整体供应链竞争力的波动。解决的方法是供应商与需求商之间建立共同的利益获取与约束机制，在共性层面上，将以供应链协议的利益分享机制为基础，在点的层面上，需求商与供应商之间的利益分配可以采取灵活的协商方式，确保双方能够共赢。

（3）建立有效的双向激励机制。

1）供应商激励在方法上可以有以下几种：①订单激励，对于表现优秀的供应商，需方可以通过加大订单的方式进行激励，这是供应商最乐于见到的，也是需方最为有效的对供应商进行激励的手段。②付款方式的激励，通过提供更有诱惑力的付款方式来激励优秀的供应商。③开辟免检通道，对所供应物品长期保持优异质量的供应商，需方给予免检待遇，这对供应商具有长期、广泛的外部影响，特别是对竞争对手具有强大的震撼作用。④商誉激励，需方对表现优秀的供应商，可通过供应链信息平台进行发布，以获取广告效应。

2）激励是一种双向的行为，需方根据供应商的表现给予激励，供应商同样对可信赖的需方也能够进行激励：①价格激励，需方由于提供更多的订单以及其他的激励，供应商在价格上将给予需方更为有利的价位，如给予低价位或价格折扣等。②提供更周全的服务项目等，如一次采购按需发（送）货（相当于提供免费仓储服务）、上门服务、长期的技术支持等。③允许需方改变订单需求数量，甚至取消某些订单。④向需方提供更简单的采购业务流程，减少采购作业成本，这需要需方有可靠的信用保证为前提。⑤提供更为宽松的付款条件。

（4）建立良好的沟通管道。信息在现代社会中已上升为企业的最重要的资源，谁掌握更新、更准确、更全面的信息，谁就争得了更为有利的竞争地位。在供应链平台上，企业之间信息的沟通主要是通过可共享的信息在供应链信息网络的发布而获得，这是获得关联企业之间信息的主要渠道。除此管道之外，还应努力地开发其他沟通管道，尤其是具有感情效应的关联企业之间的中高层人员的互访，是核心企业与供应商之间建立互信机制的重要基础。国内工作部就是中建阿分在国内的信息中心，同时承担着同合作伙伴定期互访的任务，建立良好的互信机制。

（5）建立共同的质量观念。这里的质量是一个广义的概念，是围绕客户需求而展开的有形产品质量和无形服务质量。供应链要保持有效的运作，必须建立在共同认可的质量观的基础上才有保证，具体而言可以归纳到如下质量诉求：①供应商要向需求商提供质量满意的产品。②准时、按量供货，不出差错。③运输、装卸、仓储、流通加工各环节必须维持或提升产品质量。④供应商要强化服务质量，以保证供需双方接触界面的人员共同的满意。⑤供应商要努力提升创新能力以满足需方不断增长的新需求，需方必须提供必要的帮助与合作。⑥供需双方都要向对方提供可靠的信用保证并持之以恒。

（四）定期评估成效并改进

供应链管理不会只实施一次，而应在日常业务中贯彻概念，更要在实施后，根据最新竞争环境，做出调整和改进。

三、结语

供应商管理是物资采购的重要环节，尽管现在绝大多数的产品是买方市场，但采购部门仍然要与资信优良的合格供应商建立长期的战略合作伙伴关系，因为这不仅可以稳定货源，而且还可以节约采购成本，同时也是保障本企业产品质量、价格、交货期和服务的关键要素。中建阿尔及利亚分公司国内工作部立足于国内供应商采购，也必须不断采用有关供应链管理的新知识来指导采供工作，以期为分公司建立稳定的合作伙伴，创造良好的合作环境，在做大做强阿尔及利亚市场的同时，切实加快中央企业“走出去”的步伐，提升国际化经营水平和能力。

电建施工企业合同风险及防控策略

杨晓辉

（中国能源建设集团东北电力第四工程公司，辽阳 111000）

一、引言

国内电源建设市场经历了自2002年以来近十年的快速发展，如今建设速度进入下降的通道，火电装机容量已连续两年以20%的速度递减，从宏观经济形势来看，电力需求的下滑才刚刚开始，火电建设将进入低速增长阶段。

由于行业竞争激烈，施工单位作为产业链最低端的弱势群体，与业主方强势地位形成鲜明对比，大的发电集团及一些具有总承包资质的勘测设计单位所签约的合同全部采用制式条款，且霸王条款不容商谈，给施工企业带来极大的经营风险，造成利润损失乃至严重亏损。

以下列举几项案例，其中问题可见一斑：

案例1“某热电厂2×300MW机组新建工程施工合同”规定：

本合同价格为承包商完成本合同所要求的所有工作的全部价格，在合同有效期内保持固定不变。

（1）每份设计变更单引起工程建安费在50万元以上的，仅调整50万元以上部分。

（2）工程量差（即施工图工程量与招标工程量之差）不做调整。

案例2“某热电公司新建背压机组工程施工合同”规定：

本工程采用概算下浮结算方式：

（1）批准概算没有计列而实际发生的项目（单位工程或单项工程），变化在10万元以上的部分予以调整（只调整10万元以上部分），10万元及以内的部分不作调整。

（2）由施工图设计与批准概算编制依据比较，发生设计标准变化及业主在施工图设计的标准上要求提高标准的单项事件及单份设计变更引起的建筑安装工程费（不包括招标单位供应的设备、材料费用）变化在10万元以上的部分予以调整（只调整10万元以上部分），10万元及以内的部分不作调整。

（3）除钢筋混凝土用钢筋、中厚钢板（δ=8 ~ 20mm）材料价差外，其他均不予调整。

（4）预算编制原则中材料价格：定额已计价材料价格按定额基价执行，不计价差。

案例3“某电厂二期扩建工程建筑安装施工”是由国内某设计院总承包的项目，合同规定：如工程整体施工质量未获得国家优质工程银奖，处罚分包人人民币壹千万元。

案例1所述工程特点为：固定价格合同，索赔机会几乎为零，该项目2008年业主招标签订施工合同，计划工期2008年3月 ~ 2009年12月，由于业主供货设备拖期造成工程延期，致使工程至2012年12月才移交生产，现场窝工、施工机械停滞、人材机价格上涨，管理费用的增加，给施工单位带来严重损失。

案例2、案例3所述工程目前正处于施工阶段，其中合同条款对于结算原则的定义代表了国内电建施工合同的普遍性，风险不容小觑。所以说如何应对风险、制定对策是企业经营发展中的一项系统的工作，更是首要任务。

二、重视投标决策，加强合同风险的管控

（1）重视投标决策研究，将风险分析向综合性、全面性、多维性方向发展，基于风险分析做出的投标决策，有助于使电力施工企业决策更为科学合理，为增强企业的竞争力与执行力，也有利于提高施工企业综合实力。

（2）加强合同评审，研究合同条款中明示的和隐含的要求，及早发现合同中的不平等条款和风险因素，对于不利于电建企业的霸王条款，一要在合同洽谈时提出意见，将风险因素在开工前降至最低。对于涉及无法避免的重大风险项目应进行判研，必要时果断叫停，切不能为了眼前的业绩而不计后果，这无异于饮鸩止渴。

（3）面对合同中的风险因素，及早制定防范措施，在合同履行过程中尽量避免和改善合同风险的发生条件，一要事前多方面与业主、设计院、监理公司沟通，减少设计变更次数和工程量；二要在发生设计变更时据理力争，索要相应工程费用补偿，把合法有效的索赔工作变成转移经营风险的主要手段。

三、加强施工管理、做好施工记录，为合理索赔和避免反索赔提供证据

工程记录是所有与工程项目有关的各种记录的总和，要求真实、及时、全面、有效，是提出索赔和反索赔的重要依据。它包括基础资料和加工资料：

（一）基础资料

（1）施工日志：应制定专门人员完整记录施工过程中发生的各种情况，包括施工内容、施工人数、施工机械使用情况、设备材料到货记录及使用情况；质量、安全、进度情况；过程中的停水、停电、道路通行等不利的现场情况及证明资料等。

（2）气象资料：应持续完整的记录天气情况，包括室外温度、风力风向、阴晴雨雪等，对于因天气原因导致的施工中断要整理出工程签证单，请工程师签字同意。

（3）工程报告：开工报告、隐蔽工程及阶段性检查验收报告、材料检验试验报告、施工及进度报告等。

（4）声像资料：录音资料及工程照片能够最真实准确、直观清晰地反映特定事件发生时的状态，具有文字无法比拟的作用。

（5）政策文件：包括国家法律法规、地方规章制度的发布实施；行业标准规范的升级更新等。

（二）加工资料

（1）往来信函：包括与工程师、业主及有关单位的来往信件、通知、确认、承诺、答复等方面的传真、邮件、信函稿件及各种信件的投递时间。

（2）会议纪要：对于业主、监理及有关各方面会议研究做出的决定，包括对工程进度、质量的要求，对特定事件采取的方案措施、处理原则，应整理出文字资料并取得参会人员签字确认。

（3）施工计划：详细的施工网路计划，其中包括各工种的施工顺序、工序的持续时间、劳动用工、机械设备配备、材料使用等情况。

（4）统计报表：将当月已完工程量及工程造价按照项目一览表的格式按月向监理及甲方进行报表，经过质量安全进度等专业的签字确认，作为结算工程进度款及确定施工当期材料价格的依据。

（5）招标投标及澄清补遗文件、施工组织设计及方案措施文件。

（6）施工图纸：包括初设图、施工图、竣工图、升板图、变更设计图纸。

（7）工程联络单、施工签证、设计变更。

四、及时编制索赔预算并进行过程结算

施工过程中应及时编制各种索赔预算，并取得工程师和业务主管部门及主管领导的签字确认。

（1）2013 年版《建设工程施工合同（示范文本）》（GF-2013-0201）（以下简称《示范文本》）第 10 条第 4.2 款“变更估价程序”中规定：

承包人应在收到变更指示后 14 天内，向监理人提交变更估价申请。监理人应在收到承包人提交的变更估价申请后 7 天内审查完毕并报送发包人，监理人对变更估价申请有异议，通知承包人修改后重新提交。发包人应在承包人提交变更估价申请后 14 天内审批完毕。

因变更引起的价格调整应计入最近一期的进度款中支付。

（2）《示范文本》第 19 条第 1 款“承包人的索赔”内容如下：

根据合同约定，承包人认为有权得到追加付款和（或）延长工期的，应按以下程序向发包人提出索赔：

①承包人应在知道或应当知道索赔事件发生后 28 天内，向监理人递交索赔意向通知书，并说明发生索赔事件的事由；承包人未在前述 28 天内发出索赔意向通知书的，丧失要求追加付款和（或）延长工期的权利；

②承包人应在发出索赔意向通知书后 28 天内，向监理人正式递交索赔报告；索赔报告应详细说明索赔理由以及要求追加的付款金额和（或）延长的工期，并附必要的记录和证明材料；

③索赔事件具有持续影响的，承包人应按合理时间间隔继续递交延续索赔通知，说明持续影响的实际情况和记录，列出累计的追加付款金额和（或）工期延长天数；

④在索赔事件影响结束后 28 天内，承包人应向监理人递交最终索赔报告，说明最终要求索赔的追加付款金额和（或）延长的工期，并附必要的记录和证明材料。

从以上合同条款看出，变更索赔事件有极强的时效性要求，这避免了由于事件结束时间太长，业主和监理单位人员更替给索赔结算造成不必要的麻烦，也能通过前期的事件处理结果对投资方办理结算的方式和态度有一定的了解，为后续工程索赔积累经验，可谓知己知彼才能百战百胜。

五、结语

随着电力施工企业行业垄断格局的打破、地方保护政策的淡化、民营资本向电力行业渗透，老牌电力施工企业背负着沉重的负担和冗杂的机构，面临着国家经济政策的冲击和市场竞争的双重挑战，在优胜劣汰的游戏规则中求生存、求发展，可谓步履艰辛。居安思危、积极防范，让风险意识常驻每一位员工的思想中，未雨绸缪、扬长避短，才能保证企业可持续性发展。

参考文献

[1] 建设工程施工合同（示范文本）（GF-2013-0201）.
[2] 武汶娴 . 浅谈工程记录的性质与作用 .

建筑企业的风险控制与管理

赵圣武

（中建一局三公司，北京 100161）

一、建筑企业面临的主要风险

在现代社会的经济活动中，企业面临着各种各样的风险。在企业的经营管理过程中，风险无处不在。所谓风险，就是指某一特定危险情况发生的可能性及其产生的后果的组合，包含了两层意思：一是事件发生的不确定性，二是不确定性事件发生后导致的损失。在建筑行业中，对于产品具有单件性和复杂性、建设规模大、周期长等特点的建设工程来说，在实施过程中存在着更多不确定性，相对一般产品生产具有更多的不确定因素和更大的风险。

针对建筑行业的特点，建筑企业在生产经营过程中主要的风险有：市场风险、履约风险和财务风险。

（1）市场风险是建筑企业面临的主要风险，并且是不可消除的风险。主要包括：公司或项目所在国家的政治环境、政府的法律法规的变化、业主对建筑产品的特殊要求、招投标过程中业主方对合同条件设定的特别条款、招投标过程中的市场竞争风险、合同谈判面临的法律风险等等。

（2）履约风险是建筑企业在项目实施过程中所面临的风险，伴随着项目的整个建设周期。主要包括：业主方履行合同的能力、质量风险、安全风险、成本管理风险、合同管理风险、竣工结算的风险等。

（3）财务风险是建筑企业在经营管理的各项财务活动中，由于内外环境变化以及各种不确定因素的影响，使建筑企业在特定时期内所获得的财务收益与预期目标出现偏差（主要指损失）的可能性。主要包括：利率、汇率变化所带来的风险、融资风险、投资风险、资金回收风险等。

二、建筑企业的风险控制基本概念

任何企业都会面临风险，建筑企业也不例外。建筑企业要谋求良性健康、可持续发展，就必须解决好控制风险、规避风险的问题。所谓风险控制，是一个管理过程，通过对风险的识别、评估，采取相应的管理措施及手段，对涉及的各种风险因素进行有效的控制，把风险降到最低。目的是尽量减少损失，以最小的成本实现预期目标。风险控制包括三个阶段：风险的识别与评估、风险的控制、风险控制的后评价。

风险的识别与评估是风险控制的基础工作，是要确定建筑企业在生产经营过程中存在哪些风险因素，这些风险因素对建筑企业的运营可能会产生什么影响，并编制风险因素清单。在此基础上，对风险因素的不确定性进行分析，确定风险事件，并对风险事件造成的后果进行预测和评估。风险评估是建筑企业进行风险控制管理的重要环节，能够保证公司战略的有效实施。风险评估的方法：主要有盈亏平衡分析法、调研法、专家评议法、敏感性分析等。

在建筑企业的风险管理中，风险控制是风险评估的继续，企业对风险做出评估后，必须对其进行控制。风险控制应遵循以下几个原则：

（1）关键性原则：风险控制应集中于主要因素，就是所谓的2：8定律，即决定80%结果的那20%因素。

（2）有用性原则：风险控制应评估和监控有意义的活动和结果。

（3）及时性原则：风险控制应具有及时性，不要等到很晚才采取纠正措施，要有一定的前瞻性。

风险控制的后评价是在风险控制流程已经完成，对风险控制的目的、执行过程、作用和影响所进行的系统的、客观的分析。通过对风险控制活动实践的检查总结，确定风险控制预期的目标是否达到、规避风险是否合理有效、项目的主要效益指标是否实现等，通过分析评价找出成败的原因，总结经验教训，为企业的战略决策和提高企业的经营管理水平提出建议。

风险控制的后评价是风险控制流程的最后一个环节，是一个再学习的过程，通过总结正反两方面的经验教训，使建筑企业能够更加科学合理运用控制风险的方法和策略，提高今后的决策、管理水平。

三、建筑企业风险控制的管理和策略

针对建筑工程的一次性、不可逆性的特点，建筑企业应从三个层面：战略决策层、公司运营层、项目执行层建立全方位、立体式的风险控制体系。

（一）战略决策层的风险控制

建筑企业在战略层面面临的主要风险有：制定企业战略规划；进入一个新兴市场；进入一个从未去过的国家或地区承揽工程；企业的转型等。针对以上风险，建筑企业在前期进行大量的市场调研或在条件具备的情况下聘请专业咨询公司进行评估分析的基础上，应通过董事会或专题会进行讨论和决策，必要时应报上级主管部门。采用的主要方法有调研法、专家评议法等。

（二）公司运营层的风险控制

1、投标风险及相应的应对措施

（1）风险的评估

在国家颁布招投标法后，建筑企业基本上都要以投标的形式争取中标来获取工程。投标的成败，直接影响着建筑企业的经济效益，甚至关系着企业的生死存亡。

目前建筑行业的竞争越来越激烈，建筑企业总是千方百计地希望拿到项目，为项目的投标做了很多的准备工作。建筑企业如果拿不到工程项目，就得为投标而付出的人财物买单。在这种情况下，有的建筑企业在对项目具体情况缺乏了解、未经周密的前期调研和成本测算的情况下，盲目降低报价，中标后才发现按标价根本无法完成施工，要完成履约必须承担巨额的亏损。

所以低价中标或招标文件中有对承包企业不利的条款，或投标报价时计算失误，或由于其他原因造成经营管理失败而亏损，再加上投标市场上的不规范操作，都会给建筑企业带来巨大的风险，这就需要建筑企业有预防投标风险的应对策略。

（2）应对的措施

投标前，建筑企业要做好信息搜集工作，并对这些信息进行有效的分析，包括竞争对手的实力分析，企业自身实力分析和对所投标项目的盈利能力分析，从而来决定企业是否要进行投标；其次在企业决定投标的前提下，企业要认真地做好投标报价工作。在投标时要组织各专业人员认真分析招标文件、项目合同条件以及技术要求和工程量，并充分调查了解建设市场动态行情，科学合理地编制项目报价文件。

在选择投标策略时，施工企业既要考虑自身的优势、劣势和目标利润，还要考虑竞争对手的竞争实力，同时还要认真分析投标项目的整体特点以及业主对工程项目的要求，从而对症下药，选用最恰当的投标策略，最终为中标、实现经营目标提供保证。建立健全项目投标评估、决策制度，严格落实项目前期调研、成本预测、投标报价确定等必要的管理程序，特别是确定标价时必须经管理层集体研究决策，避免投标失误或人为原因造成低价中价和垫资风险。

2、合同风险及相应的应对措施

（1）风险的评估

目前建筑市场是卖方的市场，建筑企业作为承包方处于相对弱势的地位，许多业主利用建筑市场僧多粥少、竞争激烈、建筑企业急于揽到工程任务的迫切心理，在签订合同时附加某些不平等条款，致使施工企业在承接工程初期就处于不利状况，陷入合同陷阱，加大了建筑企业生产经营管理的风险。总的来说，承包合同带来的风险主要有以下几种情况：

①有的业主方明确要求建筑企业放弃优先受偿权。放弃优先受偿权，意味着建筑企业放弃了顺利回收工程款的最后一道屏障，放弃了自身应有的权益，加大了企业的风险。

②业主为转移风险，单方面提出过于苛刻、责权利不平等的合同条款。如合同中规定，材料涨价在5%（有的甚至为10%）以内和其余包干价材料涨价的风险，承包方得不到任何补偿；

③合同中对资金的支付提出特别条款：如要求建筑企业垫付大量资金；付款比例降低，有的甚至只有60%；有的要求按节点付款，节点大，比例低。这样，加大了建筑企业的资金投入，影响了建筑企业的正常的生产运营。

④合同中明确规定承包方应承担的风险。如合同中规定“业主对由于第三方干扰造成的工程拖延不负责任”，这实际上把由于第三方造成的工程拖延的风险转嫁给了承包方，甚至个别业主把自己的风险和责任转嫁给承包方。

（2）应对的措施

在工程合同签订前，建筑企业应组织相关部门对合同进行评审，认真地研究合同的各项条款，应对合同条件隐含的风险进行评估，防止合同中不利条款的出现，把合同的隐患消灭在评审阶段，对未经审查的、不合法的（如要求放弃优先受偿权的、要求缴大额的现金保证金的）、低于成本价的、显失公平的、不合投标程序的合同坚决不签。通过认真研究，对于可以规避的风险，力争在合同谈判阶段，通过修改、补充相关合同条款来解决。

规避风险的策略主要有：必须坚持盈利的原则，低于成本的项目坚决不签；必须考虑自身的资金实力，垫资数额大的项目坚决不接；施工环境恶劣，不能保证施工安全、质量、工期要求的项目坚决不做。

3、项目执行层的风险控制

（1）风险的评估

①项目管理方面的风险：做好项目管理是建筑企业获得项目成功的一个关键环节。但如果项目领导班子配备不合理，管理人员素质参差不齐，责任心不强，不善于组织协调等带来工程准备不足，管理失控而导致工期严重滞后、质量控制不严，结果将导致项目的失败，给企业带来巨大损失。

②合同履行的风险：合同管理是建筑企业获利的关键手段，不善于管理合同的建筑企业是不可能获得预期的经济效益的。合同管理主要是在履行合同的过程中，利用合同条款保护自己的合法权益，扩大收益。这就要求建筑企业要具有专业的法律知识和娴熟的技巧的专业人才，要善于开展索赔。

③物资供应的风险：项目物资包括施工用的原材料、构配件、机具、设备。供应商的供货情况会直接影响到工程的质量和进度，特别是项目的主要材料的供应会给项目带来的更大的风险。

④成本管理的风险：施工项目成本管理是建筑施工企业获得理想的经济效益的重要保证。成本管理包括成本预测、成本计划、成本控制和成本核算，任何一个环节的疏忽都可能给整个成本管理带来较大的风险。

⑤业主方履行合同能力的风险：通常工程业主资金不完全落实或是招标时概预算有缺口，都会造成业主拖延支付工程款，给建筑施工企业带来不利影响。

⑥分包的风险：实力较强的分包单位可降低总承包商的风险，但如果分包单位技术水平低又疏于监督管理，造成工程质量不合格，总承包商要承担连带责任风险。

⑦竣工结算阶段的风险：该阶段的风险主要体现在竣工验收、工程结算及债权债务处理的风险等方面。工程面临竣工阶段，应提前做好工程结算准备，以便做好结算工作。否则不能按时竣工结算，留下的争议和问题会越来越多，久拖未决，可能严重影响资金运转。建筑企业由于自身原因拖欠供应商或劳务费用，会增加利息的支付或影响接受新的施工任务，同时还影响竣工验收资料的收集整理。

（2）相应的措施

项目部在实施项目前，对分析出来的风险因素进行评估，应有准备、有针对性地利用自己的技术、管理、组织优势和经验加以规避或弱化。针对以上风险因素，通常采用的风险防范措施有：

①组织措施。对风险比较大的项目选派得力的技术和管理人员，特别是项目经理；将风险责任落实到各个组织单元，使项目管理人员提高风险意识；在资金、材料、设备、人力上对风险大的工程予以保证，在同期项目中提高它的优先级别，在实施过程中严密控制。

②技术措施。如选择有针对性的、抗风险能力强的技术方案，而不用新的、不成熟的施工方案；对地理、地质情况进行详细勘察或鉴定，预先进行技术试验、模拟，准备多套备选方案，以技术指导施工。

③针对业主履行合同能力的风险，主要是资金支付暂时出现困难，要求业主提供相应的担保。这主要针对业主及合作伙伴的资信风险，例如由银行出具预付款保函、履约保函等。

④加强合同的风险管理。工程合同既是项目管理的法律文件，也是项目全面风险管理的主要依据。签订合同要始终坚持“利益原则”。承包人有权签订一个平等互惠的合同条款，这是承包商减少或转移风险所需坚持的基本原则。项目的管理者必须具有强烈的风险意识，要从风险分析与风险控制管理的角度研究合同的每一个条款，对项目可能遇到的风险因素有全面深刻的了解。否则，风险将给项目带来巨大的损失。合同是合同主体各方应承担风险的一种界定，风险分配通常在合同与招标文件中定义。例如在 FIDIC 合同条件中，明确规定了业主与承包人之间的风险分配，如果业主的合同条件与 FIDIC 合同条件不同，应进行逐条的对比研究，分析业主为什么要修改这一条，是否隐含着风险。

⑤加强成本风险的控制。项目的成本管理部门要及时做好成本原始资料的收集和整理工作，正确计算各阶段、分部分项工程成本，同时要按照责任预算考核要求，分析实际成本与预算成本的差异，找出产生差异的原因，并及时反馈到工程管理部门，采取积极的防范措施纠正偏差，以防止对后续施工造成不利影响。要根据所选定的施工方案，大力施行责任成本管理，以责任成本为控制目标，加强对施工项目成本的材料费、人工费、机械费间接费用的监控，及时开展调价索赔工作，定期进行经济活动分析，把总成本控制在责任成本范围内。施工过程中要尽可能采用新设备、新技术，降低工程成本，缩短工期，打造出高质量、高技

术的建筑精品，提高企业核心竞争力。要不断完善内部控制制度，落实经济责任制，对失职行为实行责任追究制，规范经营行为。充分发挥财务、内部审计部门的监督指导作用，开展事前、事中和事后审计，对重大材料采购、重大费用开支、大笔资金支出进行监控，对经济业务的合法性、合理性、有效性，原始单据是否合法有效、内控制度遵守等情况进行检查监督，考核目标成本的运行情况，对成本控制过程中出的问题，及时与项目领导沟通，采取有力措施，坚决予以纠正。

⑥加强竣工结算风险控制。项目竣工结算是建筑企业按工程合同约定的施工内容全部完工、项目交付使用后，向业主办理工程价款结算的环节。在项目的后期，大多数建设项目资金紧张，若不能及时结算，业主则不会再拨付工程款，拖延的时间越长，欠款的风险也越大。建筑企业应及时编制工程竣工决算，对于设计变更部分或因业主原因导致的停工损失、场地原因而发生的材料倒运费等费用，要及时进行现场签证追加合同价款和办理工程结算。以合同和签证为依据，合情、合理、合法地做好索赔工作，尽量减少企业前期投入的资源损失和占用的资金，为项目成本的确认和回收工程款提供有力的保障。

四、建筑企业风险管理的提升策略

建筑企业的风险管理直接影响到企业的经济效益和持续发展。与西方的大型建筑企业和国内的其他先进行业相比，我国建筑企业在风险管理上，无论是意识层面还是实际操作层面都存在不小的差距，具体表现在：①缺少风险控制的意识，针对某些单一的风险或领导者意识到的风险，还存在“拍脑袋”的现象；②对风险控制缺乏系统性考虑。我们知道企业的战略决策、运营管理和项目操作层面都有风险，但还都处于点式的松散的认识，没有系统起来；③对风险管理知识、风险管理的方法还不太不熟悉。

建筑企业的风险管理现状，已不能适应目前市场环境快速发展变化的需要，因此进一步加强风险管理是建筑企业面临的一项紧迫任务。

（1）要进一步提高企业的风险管理意识。建筑企业的高管层应该充分认识到风险管理的价值和意义，并引导企业的各层级管理人员正确有效地执行风险管理政策，把风险管理纳入到企业日常的经营管理中，共同为企业创造效益。

（2）专业的人才保障。在条件具备的情况下，建筑企业应该设立专门的风险管理部门或岗位，配备专业的人员开展风险管理工作。在适当的时候，可以聘请咨询专家进行有关风险管理技巧和风险管理知识的培训，以适应企业发展的需要。

（3）建立符合企业需要的风险管理流程。建筑企业要以系统思维的方法去解决企业风险管理问题，风险管理并不是孤立存在的，而是一个系统工程。企业应该建立规范的风险管理流程，通过流程将各类风险管理活动融合起来，贯穿于企业的日常经营管理活动中。

（4）利用高科技手段，创建企业的风险管理信息系统。在计算机技术、网络技术高度发达的今天，建筑企业应该利用专业的风险管理软件、计算机工具等创建高效的风险管理信息系统，帮助企业运用这个系统对风险进行有效的识别、评估和监控。

总之，风险管理日益成为企业经营管理的一部分，也将成为一个永恒的管理话题。建筑企业应该抓住机遇，积极面对目前的社会、市场环境，进一步完善企业管理制度，从各个层面上构筑起风险防御体系，提高企业管理水平，保障企业在激烈的市场竞争中，实现快速健康和可持续性发展。

建筑产业工人队伍的重建与管理问题

李里丁

（陕西省建工集团，西安 710000）

一、建筑劳务分包中折射出的产业队伍问题

（一）准入门槛低，队伍素质良莠不齐

由于较长时间以来国家固定资产投资规模巨大，对建筑劳务量的需求一直居高不下，进入城市建设的务工人员几乎是蜂拥而入。虽然建设部对市场建立劳务分包企业和劳务企业的基本资质有一定的要求，但地方行政主管部门在操作上很难对劳务企业的资质和队伍的素质进行严格准确的审查。仅就西安市为例，建筑劳务企业每年以 10% 以上的速度增长，2011 年就达到了 831 家。这其中很难说队伍和人员就具备了相应的施工和管理水平。

（二）企业管理不到位，劳务人员稳定性差

劳务企业和务工人员在项目上的聚合，其实是建筑业体制改革后新的尝试，双方都在成长与磨合之中。劳务人员也开始选择企业、项目、领头人甚至是服务的地区。比较好的劳务企业，其人员的流动率都在 20% 以上，稍差的企业，很难做到基本队伍的稳定。这样造成的结果便是施工合同的失约、工程进度计划的落空及项目管理效率的降低。这里有劳务企业管理水平初级和不规范的问题，也有进城务工人员结构、文化理念发生改变的原因。

（三）收入增长刚性化，企业成本压力加大

由于经济全球化的影响，也因为市场经济的逐步成熟，劳动力价格在逐步攀升，一方面造成劳务企业的运营成本在加大，另一方面也造成总承包企业的劳务费用快速升高。在建筑总成本中，劳务费用已上涨到 30% 以上，这还不包括由于季节和抢工的需求而不得已增加的费用成本。

（四）社会保障措施滞后，难以形成稳定的产业储备

由于建筑从业人员流动性大，有的劳务公司不与劳务工人签订劳动合同，多数劳务企业都没有给劳务工人办理养老、失业、医疗、工伤等保险[1]。工人上岗培训不足，生活条件简陋，还常常拖欠务工人员工资，侵害了农民工的合法权益。如此的外部环境，不仅不利于企业和社会的稳定，也很难形成新时期高素质的产业队伍。

二、行业发展中劳务层的演变趋势

（一）施工管理体制改革过程中的两层分离

20 世纪 80 年代初期，鲁布革项目管理创新的一大突破就是实行两层分离，企业不再拖家带口地带队伍，项目直接从社会聘用劳务人员。这是一项较长阶段痛苦的改革，但它的方向是正确的，减轻了企业的负担，强化了项目的管理，加快了建筑业的市场化步伐。

（二）农民工大量进城和市场交易中长期存在的买方市场

项目管理的改革几乎是和国家经济高速发展同步进行的。在建筑业用工日益高涨的背景下，大量的农民工进城，填补了企业体制改革中队伍青黄不接对劳务的需求。在将近二十年的时间内，劳动力的供应相对富裕，劳动组织比较稚弱，施工企业能够做到随处可选，择优录用，买方市场

下施工企业较长期享有着人口的红利。

（三）劳务市场的分化和稀缺资源的逐步形成

随着建筑市场的进一步成熟，建设部 2001 年制定了对分包劳务企业的要求，众多施工企业内部和社会上的劳务公司应运而生，劳务企业在适应市场中也逐步地走向成熟和进一步分化。一方面，劳务企业中有文化的农村青年逐步增多，技术和管理人员的比例逐步增大，使得企业在竞争中有了更多的话语权和选择权，劳务分包的价格快速攀升，优秀的劳务企业已经成为市场上的稀缺资源。另一方面，近年频频出现的“民工荒”，反映出劳务市场供不应求的变化，这种劳务供给的趋紧，在短时间不会得到明显改善，建筑劳务的供需失衡将会进一步加剧[2]。建筑业的人口红利和原有的买方市场正在逐步消失。

三、建筑行业在新阶段对劳务产业化的客观要求

劳务逐步成为卖方市场的现实与劳务队伍良莠不齐的局面同时存在，劳务分包已经成为行业发展中的一支重要力量。建立市场经济成熟阶段稳定、规范的建筑产业工人队伍既是产业健康发展的迫切需要，也是推进城市化建设、解决民生问题的现实要求。

（一）建筑劳务产业化是行业持续发展的必然要求

当前虽然我国经济建设进入了平稳发展的阶段，但是国家拉动内需的政策，加快城市化建设的趋势以及中西部基础建设的发展都要求有强劲的建筑劳务队伍支撑。尤其是进入绿色和高科技施工的时代，对施工技术进步的要求、对工人队伍素质的要求越来越高。国家明确提出，要将提高劳动者的素质作为实现经济发展方式转变的重要环节。建筑产业科学、持续的发展必须要依靠一支现代化、有知识、有能力的产业工人队伍。

（二）建筑劳务产业化是建筑施工企业自身发展的迫切需要

农民工已经成为建筑施工的从业主体，占全部建筑从业人员的比例超过 70%[3]，而建筑施工的整个过程，除去手工作业外，还有 40% 以上的现场管理实际操控在劳务企业手里。总承包企业都希望与有信誉、高素质的劳务队伍长期配合，同时也在开始考虑重新建立内部高技能的工人队伍问题。劳务企业通过竞争的洗礼，懂得了建立企业信用是劳务企业在市场的立身之本，要想长期生存于市场，最要紧的是提高自身的管理和技术水平，建立起企业信誉。因此，劳务队伍的稳定化和产业化已经形成业内的共识。随着劳务企业总体素质的提高，一大批有文化的新生代农民工走上了企业管理的岗位，他们将是新阶段建筑产业工人队伍的创业者和领军人物。

（三）建筑劳务产业化是千百万农民工的共同心声

农民进城务工推进了城市化的进程，城市化的扩大又需要大批农民工加入进来。新生代的农民工虽然身份是农民，但他们的生活习惯、思维方式早已同城里人没有大的区别，他们期盼着用勤劳双手建起的城市有自己生存和发展的空间。建筑劳务产业化，就是要使千百万农民通过素质的提高和自己的努力，稳定地在一个企业服务，并且有自己的地位和尊严。政府要通过市场调节和积极引导，使劳务企业逐步进入合理的专业层级：较大型的综合类的劳务企业；专业性突出的劳务企业；专门提供普工服务的劳务企业等等。让进城务工的各类农民工根据自身的实际相对稳定地在某一个企业工作。真正使农民工有归属感，在城市安居乐业，成为城市的建设者和新主人。

（四）建筑劳务产业化是政府完善社会管理的基本职责

作为劳动密集性行业，建筑业吸纳了我国

大部分的农村富余劳动人口。务工农民进城工作和生活已经成为城乡一体化的一个重大的社会问题。政府要责无旁贷地做好两件事情：

一是提高劳动者的素质。劳动力成为稀缺资源，一方面是现代企业对人力资源需求层次在提升，另一方面也说明现有的进城务工人员普遍素质急待提高。这种提高，也包括当代年轻建筑工人职业道德水平和吃苦耐劳精神的提高。从某种程度看，对新生代建筑工人的培训和教育是政府部门和大型企业长期应该做的一项投入。

二是完善务工人员社会保障机制。这是政府促进社会和谐发展的基本责任。按照国家的有关政策，产业工人必须要享受一定的社会保障权益。这不仅是稳定产业工人的需要，更是社会公平正义、坚持科学发展观的题中应有之义。换句话说，它不是额外的付出，而是政府和企业归还历史的欠账，为和谐社会发展所做的长远储备。

四、完善建筑产业工人队伍的建设和管理

（一）突出大型企业的依托和引领，推动劳务组织专业化与附属化

大型建筑施工企业经过两层分离和用工缺乏两个阶段以后，都在思考如何建立企业稳定的劳务关系。要促进大型施工企业更多地吸纳有信誉的劳务企业与自己建立长期稳定的合作关系，还可以选择吸收专业性强的技术工人队伍直接进入企业，在“两层分离”后实现新的“两层结合”。企业还要在合同签订、社会保障、生活安置等方面为工人提供更好的环境和条件。

（二）设立专门的管理机构，加强对劳务企业的约束和引导

目前对劳务企业的管理是一个空白。总承包企业只管使用，政府部门只管准入，何况还有相当多的劳务队伍并没有依法注册。对劳务企业实施管理的部门可以是政府，也可以委托建筑企业协会，总之要有专门的机构和人员对企业的市场准入、信誉状况、业绩状况定期地作出评判，进行约束和监管，有效地引导市场，激励先进，淘汰拙劣。

（三）发挥行业协会、专业院校和大企业的作用，加强对工人队伍的培训

普及执业培训是市场准入的必要通道。要依托大型企业和专业技术学校广泛地开展对务工人员的文化、技术、安全以及职业道德方面的教育与培训，以提高他们诚信从业的操守和专业技术的水平，扩大他们的社会生存空间。

（四）强化对劳务企业的政策扶持，提高企业的运营效益

建筑劳务企业做工程分包，往往还要按照人工费用的3%缴纳营业税，造成事实上的“二次”缴税[4]。劳务企业多是微小企业，成本负担重，融资困难多，很难有大的发展。要研究调整税收政策，减免对劳务企业的重复征税，启动民营融资渠道，为微小企业增加贷款。同时政府有关部门要及时出台和提供劳务信息价格，客观公正地进行引导，保证劳务企业的经营效益和工人的正当所得。

（五）建立劳务人员的社会保障机制，稳定产业工人队伍

建立新时期建筑工人的社会保障，不是企业和社会的额外负担，而是产业成本中必须要负担的内容。大型企业、政府及相关部门应对务工人员的养老、失业、医疗、工伤等各项保险制定具有可操作性的制度安排，保证他们的合法权益，同时也是为企业和社会的和谐健康发展做好基础性的工作。

参考文献

[1] 段培鹤．施工企业劳务分包管理中存在的问题及对策研究 [J]. 建筑经济，2009（7）.

[2] 付建华．建筑市场劳务分包．制度的探索与思考 [J]. 建筑人才，2012（4）.

我国建筑业海外派遣劳务人员情绪管理研究

刘大祥

（中建一局五公司，北京 100024）

一、劳务派遣的形成发展及存在的问题

近 30 年来，随着经济社会的高速发展，各国各地区产业机构、知识结构的调整速度进一步加快。在制造业萎缩的同时，作为第三产业的服务业的规模和数量却不断扩大和膨胀。产业结构的变化给就业方式带来了巨大的冲击。

劳务派遣在全球范围内蓬勃发展以从事劳务派遣业务的万宝盛华 (Manpower) 公司为例，截至 2004 年底，在全球 61 个国家中，其共雇佣派遣 270 万名员工。

中国内地作为一个劳动力极度过剩的人口区域，被派遣劳动者只占就业人口较小的比例。由于中国内地的劳动力资源数量巨大，这使中国内地劳务派遣的就业潜力要远超过一般国家和地区。

随着跨国公司国际化竞争日益加剧，国际化战略在企业的经营策略中占据着越来越重要的地位。与此同时，驻外员工海外派遣已经成为跨国公司国际人力资源部门的一项主要任务。

二、情绪波动的影响因素分析

（一）宏观环境分析

劳务派遣人员情绪波动的宏观环境主要体现在国内劳务派遣的现状、劳务派遣存在合理性的不确定、针对劳务派遣立法的滞后以及法律关系识别上的困惑等方面。

1、国内劳务派遣的现状

国内的劳务派遣业务，最早源于外企服务机构向外资驻国内办事处提供的雇员派遣业务，并随着外资公司数量的不断增多，劳务派遣业务量也大增。

2、劳务派遣合理性的不确定

劳务派遣给劳资关系带来的新问题主要有雇主责任问题、中间盘剥问题、差别待遇问题、雇佣不安定问题、团结和协商权的问题、用工单位惩戒权的行使问题，这些新问题，一直困扰各国劳务派遣的行业自律和政府管制。

3、针对劳务派遣立法的滞后

随着社会经济发展，劳务派遣的出现及普及化，各个国家对劳务派遣的讨论也出现了很多的争论。

（二）微观环境分析

实际上，我们认真分析一下派遣单位、用工单位和被派遣者三方的内在关系和各方所处的立场，就可以发现其中的微观环境。

1、被派遣人员薪酬待遇低，与正式员工不一致

由于劳务派遣制度建设还不够完善，用工单位往往将被派遣劳动者视作廉价劳动力。

2、被派遣者需要承担部分风险，法律权益保障低，与正式员工不一致

劳务派遣独特的用工方式，造成用工单位经常会给劳务派遣单位转嫁用工风险，这部分

风险通常都由被派遣劳动者独自承担。

（三）海外劳务派遣人员主动情绪管理研究控制

1、海外派遣人员薪资待遇

在接受问卷调查的人员中，薪酬在2001~4000元之间的占29%，4001~6000元之间的占38%，6001元以上的占33%。他们大多为第一次出国从事建筑劳务工作（84%），第二次出国的为9%，第三次出国的为4%，第四次出国（含四次）以上为3%；

2、海外派遣人员情绪管理

接受问卷调查人员中，能够通过改变自己对事情的看法来减少一些负面情绪（如悲伤或愤怒）的人员为23%，不能的为16%，不经常的为9%，不确定的为16%，偶尔的为36%。

二、加强建筑业海外派遣劳务人员情绪管理的对策建议

（一）劳务派遣人员情绪影响关键构成因素

为了更好地掌握海外劳务派遣人员有关情绪的相关影响因素，针对海外劳务派遣人员情绪研究课题，设计了《海外派遣人员工作情绪》调查问卷，调查问卷自2012年6月在海外派遣人员中进行了发放，共计发放1000份，截至2013年1月，已经返回893份（其中有效812份）。调查问卷的部分内容归纳如下：

第一部分：接受问卷调查人员的基本信息。在接受问卷调查人员中，一般职员为73.4%，基层管理者为21.8%，中层管理者为4.8%；男性为75.8%，女为24.2%；全部为汉族。

第二部分：接受问卷调查人员的具体测量问题分析。

1、环境适应方面

（1）接受问卷调查人员对施工所在国当地的气候较难适应。

非常满意的仅为2%，非常不满意的为10%，不满意的为57%，不确定的为13%，满意的为21%。

（2）接受问卷调查人员对施工所在国当地的饮食基本上还可以适应。

非常满意的为11%，非常不满意的为3%，不满意的为37%，不确定的为17%，满意的为33%。

2、情绪管理方面的归结

（1）接受问卷调查人员中，当他们感受到积极的情绪时，把这种情绪隐藏起来，不表现给外人的人员为2%，不能的为11%，不经常的为9%，不确定的为41%，偶尔的为27%。

（2）接受问卷调查人员中，在他们想起以前的伤心事时，能控制自己的情绪的人员为22%，不能的为2%，不经常的为9%，不确定的为17%，偶尔的为48%。

3、具体问题的分析

（1）接受问卷调查人员中，对于所在国的文化、宗教及其他当地习俗，完全不了解为34%，比较了解的为19%，了解一点的为47%。

（2）接受问卷调查人员中，针对所从事工作有关的所在国当地法律法规要求，到国外前接受了相关法律法规及当地宗教文化方面的培训的人员为17%，没有的为19%，进行过一些培训的为64%。

（二）围绕劳务人员自身的情绪管理工作建议

海外劳务派遣人员身在异国他乡，远离祖国和亲人，对环境需要适应，对当地的生活习惯和风俗也需要适应，而语言的差异，造成交流上的不便利，这些都会对海外人员情绪产生很大的影响。

（三）围绕劳务派遣单位、使用单位的情绪管理工作建议

现代的企业管理，主要就是对人员思想行为的管理，思想行为管理，其内在就是对人员情绪以及行为的管理。接受问卷调查人员中，

他们认为作为组织和管理者，应该制定如下措施来缓解员工的压力和情绪：

（1）休假时间调整，半年休假一次比较合理。

（2）制定更加公平合理的薪资制度。

（3）多听取员工倾诉，了解员工的思想动向和实际困难，切实帮员工解决困难。

（4）丰富业余生活。

（5）团结员工，互相补台，与员工建立互相信任的关系。

（6）多鼓励员工，采取适当的方式疏导员工思想和行为。

（7）分工明确、公平合理地分配工作和任务，做到各司其职、各尽其职。

（8）奖惩分明，该奖则奖，该罚则罚，不可“大锅饭”。

（9）尽量不占用员工正常的休息时间，如需加班，适当奖励。

（10）多组织业余活动、集体活动，为大家提供休闲娱乐、沟通交流的平台。

（四）围绕政府社会的劳务派遣管理工作的建议

结合国内劳动力市场的现状和海外派遣人员管理的经验教训，政府宜在派遣行业的规范等方面考虑实际可操作的管理行为，在政府层面建立派遣行业的发展目标或者规划，引领派遣行业的有序发展。

1、派遣人员权益保护的重要

要引导农村劳动力合理有序流动，合理并妥善解决派遣人员的劳动权益保障，着眼长远，切实做好维护外出务工人员劳动保障权益的工作。

2、建立法律法规保护派遣人员的权益

随着海外派遣需求量的不断扩大，我国针对海外派遣的立法较晚，《中华人民共和国劳动法》并没有提出对中国海外派遣人员的相关保护措施。

3、加大劳动保障监察执法力度

重点做好派遣人员的劳动保障工作，重点对建筑、中小型劳动密集加工企业的派遣工人员工资支付情况进行严格的过程监察，同时确保投诉渠道畅通。

4、逐步将派遣人员纳入社会保障制度

坚持分层次实行不同的政策和分阶段、有步骤逐步推行的原则，有重点、有步骤地推进被派遣者的社会保障制度。

5、发挥祖国强大的后盾作用

我国政府在面对中国海外公民安全问题时，强调“预防为主、预防与处置并重”的原则，通常利用媒体及时发布相关国家的安全状况等信息，评定有关涉及海外中国公民和企业安全的信息。

三、研究结论与展望

（一）研究结论

经过对理论研究、现实状况的调查和分析，本研究认为目前建筑业的海外派遣存在诸多缺陷和不足，究其原因主要包括：

第一，海外派遣对于解决国内日益矛盾的就业问题具有十分积极的意义，尤其在目前阶段，相关企业可以尝试利用我国务工人员的优势和特点，不断推广扩大海外派遣的规模和范围。

第二，海外派遣对于我国企业进军国际市场并在其中立足起到极为重要的推动作用。在建筑业中国有很悠久的优秀传统，而这些传统有很多已经被现代建筑人员继承下来甚至发扬光大。

第三，中国的建筑乃至各行各业的工人都拥有艰苦奋斗的意志品质，绝大多数的务工人员还是认可海外派遣这一工作方式的。

第四，海外派遣产生出的问题多为监管不严、法规滞后等原因导致的，而这些原因是可以通过政府和企业的共同努力完全解决的。

（二）研究展望

海外派遣务工人员虽然已经出现一段时间，但总体来看仍处于起步阶段，具有很大的市场前景和挑战性，对于这个行业的研究也是一项长期的工程，该领域的研究具有很高的研究价值，并具有很强的指导意义。

参考文献：

[1] 周燕华．社会资本视角：中国跨国公司员工外派适应与绩效研究．经济管理出版社，2012.

[2] 于敏．情绪管理的意义与企业的关系．现代经济信息，2007年2月第7卷。

[3] 周广宇．情绪掌控术：恰当表现自己不失控．北京：中国物资出版社，2012.1.

[4] 宫火良．情绪管路原理与方法．北京：新华出版社，2012，4.

[5] 涂晓春．情绪管理：人力资源管理的新内容．重庆工商大学学报，2004（05）.

[6] 方学梅．基于情绪的公正感研究．华东师范大学，2009.

[7] 徐娅．基于心理契约的绩效管理．企业经济，2006（06）.

[8] 达尔文．人类和动物的表情．

[9] 韩京伟，荣赋．如何掌控你的工作 如何掌控你的情绪 如何掌控你的生活．北京：新世界出版社，2012，3.

[10] 李中斌，张晓慧．企业海外人员的派遣及其管理．中国人力资源开发．

[11] 王丽平，何非，时博．劳务派遣－基于战略选择、制度构型和资源整合的研究．北京：经济管理出版社，2012，4.

[12] 游劝荣．劳动与社会保障法律制度比较研究北京：人民法院出版社，2011，8.

[13] 许伊茹．企业外派人员个性特征、文化智力影响员工绩效的研究．浙江大学，2011，5.

[14] 陶占永．企业员工情绪管理能力与工作能力影响因素及关系研究．安徽医科大学，2010.

[15] 戴万稳，吕辰．如何提升海外派遣员工的工作绩效．管理学家学术版，2011，6.

（上接第64页）反映比较突出的问题是，我国急需制定符合国际标准的设计、施工、设备安装、工程验收等系列化的规范和标准（特别注意考虑欧美等标准），也是采用中国标准的地区的一大难点，本案例显得格外急迫，只能临时抱佛脚的办法进行应对。

（1）大型基础设施项目的前期开发管理，其成果对项目的顺利实施和实现预期功能意义重大，对总承包商在设计管理、商务谈判、采购方式和合同管理等方面要求很高，还会遇到业主的要求不详或不断修改、经济落后地区的法规标准不完善、水文地质情况复杂、资料缺乏等情况，应采取措施，积极应对。

（2）EPC总承包商应从一开始就制定系统有效的管理方法和策略。分析和发现不确定的因素及存在的各种风险，采取合理的应对措施。

（3）总承包商应发挥在EPC项目管理中的核心作用，为实现项目的预期目的，积极寻求各方多赢的方案。

（4）以建立合作伙伴制为基础，与业主及各方进行有效协商，并根据项目特点，力争在总承包合同条款中对风险进行合理分担，适当突破EPC合同固有模式。

（5）使用价值工程进行方案优化，通过各种可行的方法实现项目整体利益增值的目的。最终使业主得到满意的工程，承包方得到良好的效益。

工程项目管理沟通中的人际沟通

顾慰慈

（华北电力大学，北京 102206）

在工程项目管理中，常常需要与人打交道，解决各种人与人之间的问题，这就需要进行人际沟通。所谓人际沟通，就是指人和人之间信息和情感的相互传递和交流，它是管理沟通的基础。

一、人际关系的建立

（一）人际关系建立的条件

1、交往双方彼此都希望被对方接纳、被对方认同，如果其中一方的这种需要得到满足，而另一方的需要没有或不能得到满足，那末彼此之间就不可能建立良好的关系。

2、具有一定的时空条件，在一定的时间和场合下，人际关系得以建立并发展。在一定的时间和场合下，原本彼此陌生的两个同事，通过互相接触和交往，逐步熟悉并建立友谊；原本相互朝夕相处的同事，由于工作变动而分隔两地，开始还保持一定的联系，随后联系逐渐减少，关系变得淡薄，终至疏远。

3、一定的人际交往技巧

良好的人际关系的建立需要一定的人际交往技巧。

（1）要形成良好的初次印象或第一印象。在人际关系的建立和发展中，初次印象起着重要的影响和作用，如果初次接触给对方留下了良好的印象，对方就可能愿意继续交往下去。

（2）要主动交往。在人际关系的建立和发展中，要主动、积极。如果总是采取消极、被动的态度，那么就很难被对方接纳了。

（3）要将心比心。在人际关系的建立中，要懂得换位思考，要能够很好地理解别人，体验别人的实际情况。

（4）要能帮助别人。这对于建立、维持和发展良好的人际关系是非常重要的，对方接受了你的帮助，心存感激，就愿意与你交往，保持关系。

（5）要能够聆听，细心地听取他人的意见和见解。

（6）要善于交谈。交谈就是表述和表达，不同的表达方式会产生不同的效果。

（二）人际交往的原则

在人际交往中必须遵守诚信、平等、尊重、宽容、交换、适度的原则。

1、诚信的原则

诚信是人际交往的一项最基本的，也是最重要的原则，真诚的交往可以加深彼此的了解，使双方对彼此的行为产生预见性，可以对对方下一步的行为作出正确的估计，从而使双方形成一种安全感，可以没有任何戒心地、放心大胆地进行交流，也才能使双方有效地进行交往。

2、平等、尊重的原则

每个人在人格上彼此是绝对平等的，所以交往双方必须以平等的原则相处和交往，才会形成真正的友谊，这种友谊才能得到巩固和持久。那些自以为是、爱出风头、喜欢表现自己、优越感强的人，在人际交往中往往是不受欢迎和受到集体排斥的。

尊重别人就是要能够从对方的立场想问题，肯定别人的成绩，不做损害对方颜面的事，在不损害自身尊严的前提下尽量迎合对方的兴趣和想法。只有尊重别人，才能受到别人的尊重。当一个人受到别人尊重，就会对尊重他的人产生强烈的亲和力，愿意与对方交往。

3、宽容的原则

"严于律已，宽以待人"，这是建立良好人际关系的一条重要法则。在人际交往中要能够宽容和容忍，要能够容忍别人的某些缺点和不足，要能够换位思考，尊重别人的不同行为习惯，只有这样才能建立起良好的人际关系，才能友谊长存。在日常生活和工作中，每个人难免都会做错事和说错话，如果此时不能容忍而斤斤计较，就会激化矛盾，产生对立情绪，从而使关系破裂。所以在人际交往中，要学会宽容。

4、交换原则

人与人之间的交往本质上是一种社会交换，这种交换要求我们在人际交往中要考虑双方的共同价值和利益，也就是能够互惠互利。这里所说的互利包括精神情感上的互利和物质上的互利。人际交往中的精神互利是指交往双方互相理解、信任、接纳和认同，通过交往获得精神层面的满足；物质互利是指交往双方在付出和回报两方面都能满意，通过交往达到物质方面的互惠互利 。如果在相互交往中，一方获利，另一方不获利，或者双方利益不平衡，那末这种交往是不会长期持续下去的。

5、适度原则

人际交往要适度，不能"过量"。这里所指的适度包括以下几方面：

（1）交往范围适度；

（2）交往时间适度；

（3）交往程度适度。

（三）人际沟通行为

人际沟通是通过各种各样的沟通行为来实现的，人际沟通行为包括谈话和倾听、写作和阅读、身体语言、其他沟通形式。

（1）身体动作语言

1）身体姿势（站立姿势、走路姿势、坐姿等）；

2）身体动作（手势、头部动作、肩部动作、脚的动作等）；

3）身体触摸（握手、拥抱、拍肩膀、拍胸脯等）。

（2）面部表情语言

面部表情语言是通过下列面部器官的动作姿态来表示的：

1）眼；

2）嘴；

3）舌；

4）鼻；

5）脸。

（3）服饰和仪态

1）符合年龄、职业和身份；

2）符合个人的脸型、肤色和身材；

3）符合时代、时令、场合。

4、其他沟通形式

（1）视觉沟通

1）图像；

2）符号。

（2）数据沟通

1）列表；

2）折线图；

3）面积图；

4）散点图；

5）曲线图；

6）柱状图；

7）直方图；

8）饼图。

（3）电话沟通

（4）网络沟通

二、倾听和谈话

（一）倾听

1、倾听的重要性

（1）倾听可以从对方的谈话中获取重要的信息。

（2）倾听能激发对方谈话的欲望。

（3）倾听能抓住说服对方的关键问题。

（4）倾听能获得对方的好感、友谊和信任。

2、倾听的障碍

（1）倾听者用心不专。

（2）中途打断对方发言。

（3）倾听者急于发言。

（4）对问题有先入为主的思想。

（5）在听对方谈话时产生消极的身体语言。

3、提高倾听效果的措施

（1）排除倾听中的干扰，选择适宜的环境，营造轻松的气氛。

（2）集中精力，全神贯注。

（3）采取接纳、信任和尊重的态度，真诚地进行倾听。

（4）理解对方表达的意思。

1）听取对方讲话的全部内容。

2）听取对方讲话时的语调和重音。

3）注意对方讲话时语速的变化。

（5）预测对方可能想说的话。

4、倾听的艺术

（1）在倾听时应该与说话人交流目光。

（2）在倾听的时候要适时点头或发出"哦"、"嗯"等声音，既表示自己在倾听，也可以进一步激发对方讲话的兴趣。

（3）要使对方知道你在倾听其讲话，同时还感觉到你的尊重。

（4）要从对方的讲话中获得你所需要的信息。

（5）在倾听的过程中适时提问能帮助我们理解对方讲话的意思，并控制谈话的方向。

（二）谈话

任何一句话都可以有不同的表述方式，而不同的表达方式会带来不同的谈话效果。

常用的谈话技巧有委婉、幽默、赞美等。

1、委婉

委婉的表达方式可以使谈话的内容更加含蓄和动听，可以消除对方的不愉快感，特别是在谈论敏感问题或在拒绝对方的意见时，能让对方更容易接受。

2、幽默

（1）幽默能够创造一个轻松愉快的环境，消除紧张的气氛。

（2）幽默可以拉近谈话双方的距离，形成一种亲切感。

3、赞美

在人际沟通中，真诚的、合理的赞美别人是处理好人际关系的一项重要因素，是待人处事的重要方法，可以给自己的人际关系带来意想不到的效果。

三、写作和阅读

（一）写作

写作具有一定的行文和格式，它是通过文章的书面语言达到传递信息、表达观点、交流情感、澄清事实等作用，是一种重要的沟通方式。

1、写作的原则

写作的原则一般包括4个方面，即正确、清晰、完整和简洁。

（1）正确。文章的内容要真实可靠，观点要正确无误。

1）叙述要简单明了，能直接表述事理，观点要正确无误。

2）文字表述要概念明确，判断正确，推理合乎逻辑，符合事物固有规律，避免牵强。

3）文字书写要符合一定规则，如文字编排统一采用左横排书写或右横排书写；简化字和数字符合规范，标点符号使用正确。

（2）清晰。文章表述简洁清晰，层次分明。文章的标题、字体、大小写和页边距等均符合规定要求。

（3）完整。文章要能完整地表述事实，完整地表达观点和思想，避免缺失和遗漏。

（4）简洁。文章应简洁，重点突出，言简意赅。避免不分轻重、大小，罗列事实和观点。

2、文稿的类型

文稿有多种类型，应用文类型如下：

（1）通用公文。党政机关、群众团体、企事业单位处理公务的文稿。

（2）事务文书。包括计划、总结、调查报告、讲话稿、汇报提纲、会议记录等。

（3）专用文书。包括财经调查、经济合同、广告、科技文摘、学术论文等。

（4）生活文书。包括介绍信、证明信、慰问信、建议书、启事、海报、申请书等。

（5）涉外文书。包括涉外意向书、涉外公证书、涉外合同、涉外仲裁申请书、外贸商业信函等。

3、写作过程

写作的过程一般可分为准备阶段、成稿阶段和修改阶段。

（1）准备阶段。写作的准备阶段包括以下内容。

1）收集资料。

2）确定行文与格式：

①选择合适的文稿类型；

②确定文稿的整体布局。例如：

a. 文稿的标题；

b. 文稿内容的先后次序，通常重要的内容应放在最前面；

c. 文稿中的空白，包括空行、行间距、字符间距、页边距等。适当的空白可增加文稿的可读性，并有利于突出重点；

d. 字体。汉字有多种字体，如简体字和繁体字，又如宋体、楷书、隶书；正体字和斜体字；黑体字等。

e. 项目符号与标号。

3）确定风格和语气

①风格。应根据读者的期望和要求以及文稿的性质确定合适的文章风格。文章风格可以通过文章中使用的词语、语言的格调和结构等表达出来，例如：

a. 句子的长短；

b. 句子的结构；

c. 段落的划分；

d. 标点符号的选用；

e. 行话（专业用语）的使用。

②语气。语气是指所使用的词及其使用方式所表达的态度，如语气可以是直率的或婉转的；可以是肯定语气或否定语气；可以是主动语态或被动语态；可以是正式语气或非正式语气等。

（2）成稿阶段。成稿阶段就是写作阶段，这取决于作者对写作目标和任务的理解和掌握程度，取决于作者自身的知识和阅历，取决于作者对行文格式的熟悉程度。

（3）修改阶段。修改阶段是文章精益求精的过程，是写作过程的一个重要组成部分，通过对文章的增删、替换、合并、扩大，使文章在内容和形式上达到正确、清晰、完整和简洁。

4、提高写作质量的措施

（1）明确写作意图。

（2）收集足够的写作素材。

（3）选择一个良好的写作环境。

（4）明确文稿的布局和写作的方法。

（5）多阅读一些优秀范文，进行分析思考，从中吸取经验，拓展思路，开放眼界。

（6）多练习写作，反复实践，掌握写作技巧，提高写作能力。

（二）阅读

1、阅读的方式

通常有下列几种阅读方式。

（1）有声读和无声读

（2）精读和略读

1）精读是指对文章认真、仔细、精确地逐字、遂句、遂段深入研读，以便对文章内容有全面、深入的理解。

2）略读是对文章浏览式的阅读，以便知其梗概。

（3）正序读和逆行读

1）正序读又称连续读，是按文章编排的顺序，从头到尾顺序地进行阅读。

2）逆行读是将文章结论性的段落作为阅读起点，通过结论来分析形成结果的原因和依据，从而理解和记忆所要了解的内容。

（4）连读和跳读

1）连读也叫顺次读，是按文章顺序逐字、遂句、遂段地阅读。

2）跳读是将文章中无关紧要的或已熟知的内容跳过去，而只找主要论点、新的观点及见解、有争议的焦点或自己需要的内容进行阅读。

（5）快读和慢读

1）快读是指集中注意力，迅速获得有价值信息的一种阅读方式。

2）慢读是逐字遂句用心思考，仔细推敲，深入理解的一种阅读方式。

2、阅读方法

阅读的方法有三步阅读法和整体阅读法。

（1）三步阅读法

1）第一步通读，就是对全篇文章轮廓性地阅读。

2）第二步精读，在通读的基础上，对文章中的重点、关键性问题或自己感兴趣的问题进行深入研读。

3）第三步评价，就是在精读的基础上进行分析思考，对文章作出评价。

（2）整体阅读法

整体阅读法包括 7 个部分，即

1）阅读文章标题；

2）阅读文章的作者；

3）阅读文章的资料和数据（年份）；

4）阅读文章的内容；

5）在阅读中归纳事实、依据；

6）分析文章的特点、争议点和批评意见；

7）归纳出文章的新观点及其在工作中可以贯彻、使用的可能性。

3、提高阅读效率的方法

（1）改进阅读技巧。

（2）选择合适有效的阅读方法。

（3）制定适当的阅读计划。

四、人际冲突

（一）人际冲突的起因

1、个人之间个性、文化背景、教育等的差异。

2、误会或误听传言。

3、容忍能力差。

4、彼此存在竞争。

5、存在偏见和成见。

6、个人定位（责、权、利）不清。

7、个人需求（生理、心理及精神）未被满足。

（二）人际冲突的类型

1、平等冲突

双方存在分歧，并感知了这种分歧，但不愿相让。

2、错位冲突

双方存在分歧，但冲突并不直接针对所存在的分歧。

3、错误归因冲突

双方在客观上存在分歧，但双方都没有准确地感知这种分歧。

4、潜在冲突

双方存在分歧，但双方对这种分歧没有什么感觉。

5、虚假冲突

双方存在分歧，而这种分歧是由于误会造成的，并没有产生的客观基础。

（三）人际冲突的发展过程

人际冲突的发展过程一般包括5个阶段，即潜伏期、认知期、爆发期、扩散期和解决期。

1、潜伏期

在这一阶段产生了冲突的条件，使冲突成为可能，但并未形成冲突。

2、认知期

在这一阶段冲突被认知，冲突双方注意到冲突问题的争议。

3、爆发期

在这一阶段冲突由认知转化为行为，出现冲突。

4、扩散期

在这一阶段冲突由初级阶段而进一步发展、扩大。

5、解决阶段

在这一阶段冲突双方选择对冲突进行处理，形成了解决冲突的最终结局。

（四）避免人际冲突的原则

（1）尽量避免争论。

（2）勇于自我批评。

（3）能够承认自己的错误。

（4）掌握批评别人的艺术。

（五）人际冲突的解决

1、处理人际冲突的原则

（1）控制情绪，冷静对待。

（2）直面问题，坦诚对待。

（3）客观分析冲突起因和双方的对错。

（4）就事论事，不将问题扩大化。

（5）对事不对人，将问题的焦点仅限于事情本身。

（6）作出合理让步。

2、人际冲突的解决方法

人际冲突通常有下列解决方法：协商、让步、缓和、强制和退出。

（1）协商。冲突双方通过协商寻求一个在一定程度上双方都能感到满意的调和的折中方法。

（2）让步。冲突双方中的一方作出适当让步，以避免发生实质性的或潜在的冲突。

（3）缓和。冲突双方忽视差异，求同存异。

（4）强制。冲突双方无法沟通和协商，而求助于第三方或仲裁人对矛盾进行裁决。

（5）退出。冲突双方将矛盾搁置，以避免冲突，这是一种消极的解决冲突的方法。

参考文献

[1] 申明，姜利民，杨方强．管理沟通．北京：企业管理出版社，1997年．

[2] 罗锐韧，曾繁正．管理沟通．北京：红旗出版社，1997年．

[3] 朗·路德洛·费格斯·潘顿．有效的沟通．北京：中国人民大学出版社，1997.

[4] 苏东水．管理心理学．上海：复旦大学出版社，1987.

[5] 戴尔·卡耐基．语言的突破．北京：中国文联出版公司，1992.

[6] 古烟孝和．人际关系社会心理学．天津：南开大学出版社，1986.

[7] 李元授．交际心理学．武汉：华中理工大学出版社，1997.

[8] 陆卫明，李红．人际关系心理学．陕西：西安交通大学出版社，2006.

[9] 王雷，董志凯，刘功．人际关系基础．沈阳：辽宁大学出版社，1987.

[10] 孙奎贞．现代人际心理学．北京：中国广播电视出版社，1990.

[11] 王雷．协调人际关系的艺术．太原：山西人民出版社，1989.

[12] 张岩松．公关交际艺术．北京：中国社会科学出版社，1989.

[13] 张宝蕊．如何建立良好的人际关系．知己知彼的艺术．中美精神心理研究所．

[14] 金盛华，杨志芳．沟通人生：心理交往学．济南：山东教育出版社，1992.

我国地方政府投融资中的城投债问题研究

薛文婧

(对外经济贸易大学国际经贸学院，北京 100029)

城投债是地方政府投融资平台（一般是隶属于地方政府的城市建设投资公司）作为发行主体公开发行的企业债券，多用于地方基础设施建设或公益性项目，城投债从广义的角度包括宽口径的高速公路、地铁、水务、燃气等；而狭义的城投债主要强调的是城市基础设施建设主体，如基础设施、综合园区等发行的债券。城投债被称为“准市政债”，这是因为城投债其实是企业债券，“城投公司”即是由地方政府设立的投融资平台，其主要职能是运用财政资金或在政府支持下采取市场化方式筹建资金而从事公益性项目建设，城投债目前主要包括企业债、短期融资券和中期票据这三个品种，可以说城投债是中国现阶段特有的金融产品。

一、城投债的产生与发展

城投债是伴随着我国工业化和城市化进程的加速而产生与发展的，城投债的发展是地方政府财力与事权不匹配、城市基础设施建设资金缺口巨大、中央政府禁止地方政府发债等方面相互作用的结果。在城镇化拉动经济增长的趋势下，地方政府大力发展城市建设，基础设施建设的资金投入较大，而地方政府财政收入有限，在巨大的资金压力下，由于我国地方政府不得发行地方债券，各级地方政府开始寻求各种变通的方式进行融资，相继建立地方政府融资平台来筹措资金。发行城投债融资支持政府项目的建设，相较平台公司申请贷款和上市融资等融资方式而言，地方政府有更大的自主权和更多的便利。由于商业银行针对贷款进行事后跟踪检查并制定限制性条款，上市公司受到较为严格的公司治理机制和充分的信息披露制度约束，地方政府在利用城投债筹集资金受到的外部约束较少，在安排资金投向上有更大主动权。同时，中长期债券由于其筹资成本较低、筹资规模大，其长期性和稳定性可满足长期建设资金的需求，进而城投债已经成为基础设施建设项目的重要融资渠道之一。

1993年4月15日上海市城市建设投资开发总公司成功发行了我国第一只城投债，2007年之前，城投债发行规模很小，当时国务院特批企业债券发行额度，控制较严，绝大部分债券有商业银行提供外部担保，债券评级普遍较高，潜在风险较小。但在2008年城投债发展很快，主要是如下三大因素推动所致：一是企业债券审核制度由审批制改为核准制，推动了债券市场的发展，为城投债的迅速发展提供了基础条件。二是债券信用增级模式创新，凸显了城投债的相对优势。第三方担保、发行人自有土地使用权质押以及应收账款权利质押等信用增级模式逐渐得到市场认可。城投债的发行主体与地方政府关系密切，在实现上述信用增级手段上要比一般工商企业更加容易，且往往隐含地方政府信用，因而更容易获得审核部门和

投资者的认可。三是宏观经济政策发生转变，形成了推动城投债迅速发展的助推力，为应对2008年的金融危机，国家实施积极的财政政策和适度宽松的货币政策，力图通过加大基础设施投资以保持宏观经济平稳增长。巨额的基础设施投资要求巨额的资本金投入，发行企业债券成为弥补资本金缺口的重要途径。2008年12月国务院办公厅《关于当前金融促进经济发展若干意见》明确提出要“扩大债券发行规模，积极发展企业债等债务融资工具”，要“优先安排与基础设施、民生工程、生态环境建设和灾后重建等相关的债券发行”。进入2009年，城投债出现跨越式增长，全年共发行城投债逾百只，占当年企业债券发行只数的六成以上。

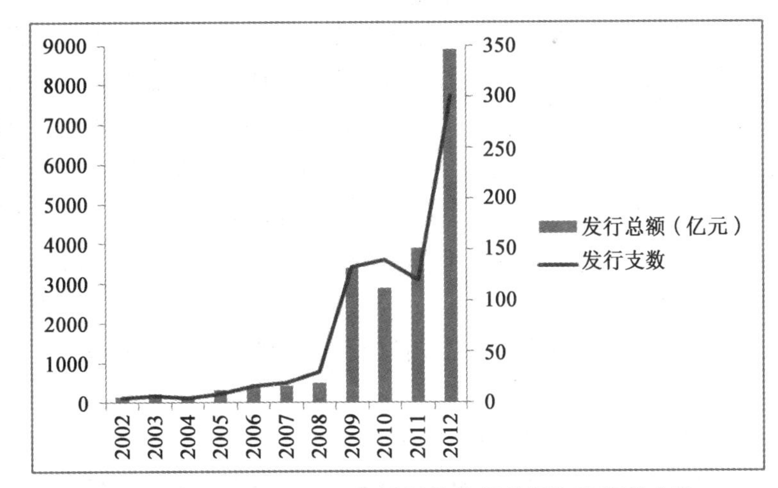

图1　我国2002~2012年城投债发行总额和发行总支数

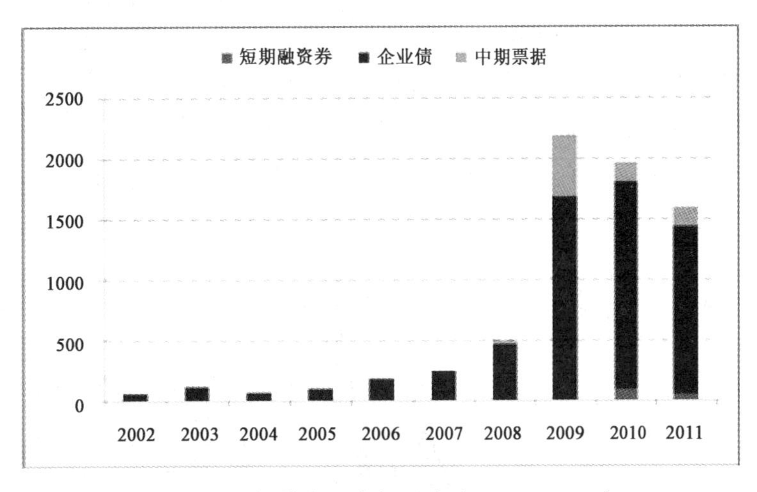

图2　城投债主要发行形式（2002-2011）

（数据来源：WIND数据库）

二、城投债发展的现状与趋势

（一）城投债发展的现状

如图1所示，到2009年城投债则进入高速发展阶段，全年共发行城投类企业债133只，发行金额2194.3亿元。2010年发行金额虽然较2009年有所下降，但发行支数仍有上升；而2011年前6个月，发行金额就已占到了2010年全年的81%，较2010年增长迅猛。由图1也能总结出，中国城投债大致经历了三次高速发展，一是2005年城投债发行规模从之前的几十亿元增加至338亿元，二是2009年城投债年度发行3400多亿元，三是2012年是城投债发行的一个大年，接近9000亿元。大部分城投债主要通过企业债形式发行（图2），2008年开始有中期票据，2010年有短期融资券。根据中央结算公司登记托管的数据，2012年银行间债券市场发行的城投类债券累计已达6367.9亿元，较2011年增加3805.9亿元，同比增长148%。从国际对比上看，美国是市政债券发行量最大的国家，截至2012年11月末，美国市政债存量已达37194亿美元，占美国债券市场存量的9.86%，高于我国城投债的占比5.72%。

（二）城投债发展的趋势

1、城投债与城镇化发展趋势高度相关

通过对1998年至2012年城投债净融资规

模与城投债占城镇基建类固定资产投资比重的数据（图3）分析可知：城投债对基建投资的作用在不断增强，并且在2011至2012年间，呈现出直线增长的强劲趋势。具体来看2012年（图4），城投债净融资规模的月度累计同比增速与城镇基建投资规模的累计同比增速具有很高的相关性（相关系数为0.97）。以上数据分析足以说明城镇化发展趋势与城投债的发展趋势高度相关。

2013年中央经济工作会议仍提出推进城镇化趋势问题，为配合城镇化进程的顺利推进，未来中国各行各业推出的政策及其后续演进都将不同程度地围绕这一核心主题。我国驱动经济增长的投资活动很大一部分是指城镇化过程中所进行的基础设施建设，为实现大规模投资计划，各地政府会通过成立隶属的城投企业为基础设施项目进行筹资。在实际运营中，城投企业自身经营活动变现能力较差，现金流方面主要依赖筹资活动对投资活动的匹配，其中直接筹资部分以城投债为主，随着近年来债券市场的不断扩容以及全社会融资结构的变化，未来城投债对于城镇基础设施建设的作用会不断提升，如在2008年城投债净融资规模仅占当年城镇基建投资1.22%，而在2012年，城投债对城镇基建投资的贡献度已超过10%。

2、城投债的发行与地区经济发展呈正相关

如图5，依据WIND数据库显示，在2012年1月4日至2013年2月8日，城投债发行额为9900亿，发债数843个，其中江苏以1628.1亿、发债150个位居各省区首位，浙江位居第二，发行652.7亿元，北京、四川位居三、四位，分别为500.5亿、500亿，而海南省以25亿发行额排在最后一位。按照WIND数据库统计口径，现阶段单月新发城投产品的规模已经接近千亿元规模水平，截至2013年2月7日交易所、银行间市场按WIND口径城投类债券余额为2.64万亿元，估计2013年城投债净发行规模可能在8000亿以上，甚至有可能超过10000亿以上。

见图6，从存量城投债余额来看，累计为18646.58亿，债券数1453个，其中江苏省、北京、浙江、上海居前4名，余额分别为2838亿、1587.1亿、1296亿、1068.7亿元，前四位集中度为36.41%，可见，城投债的发行是与地区经济发展呈正相关，往往经济发达地区，基础设施的建设融资需求比较多，城投债发行量愈大。

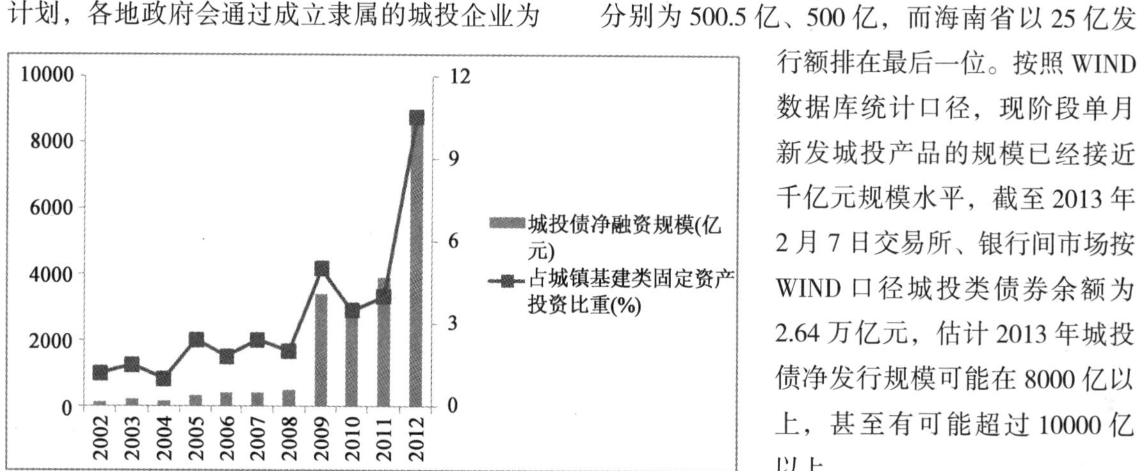

图3 城投债对基建投资的作用不断增强

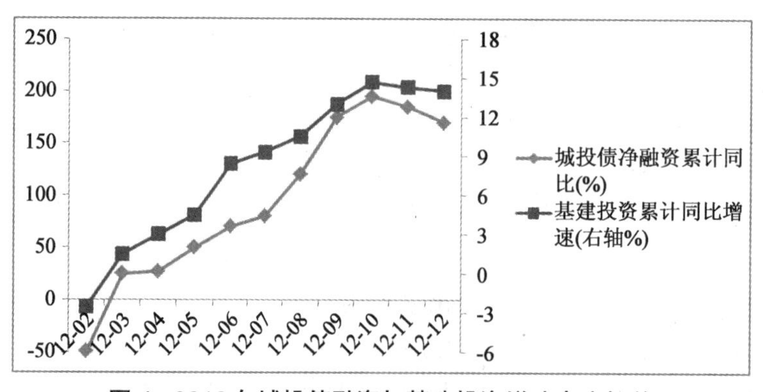

图4 2012年城投债融资与基建投资增速高度相关

（数据来源：WIND数据库）

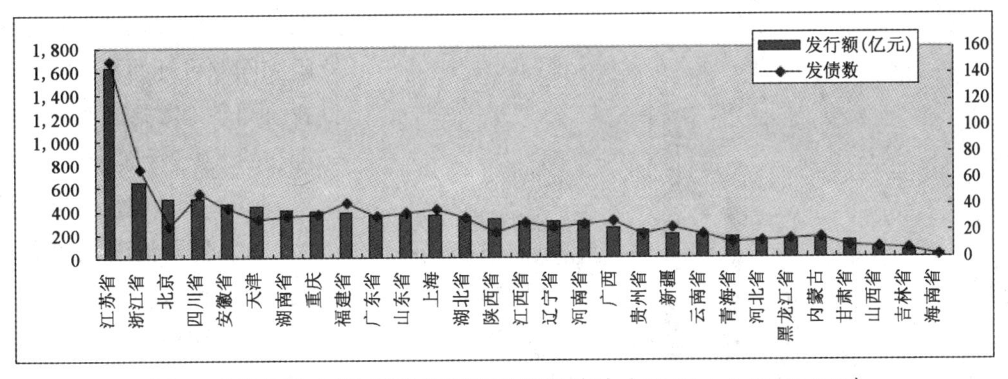

图 5　不同地区城投债发行额和发债数统计（2012.1.4–2013.2.8）

（数据来源：WIND 数据库）

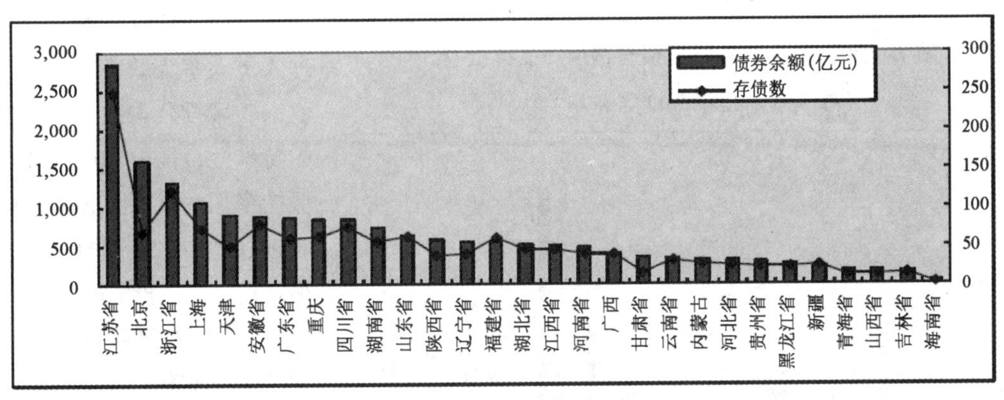

图 6　不同地区城投债余额和存量债统计

（数据来源：WIND 数据库）

3、城投债发行主体逐年增加

根据 WIND 数据库，2012 年全年城投债发行规模和净融资规模分别为 8627 亿元和 7689 亿元（图 7），较 2011 年大幅上升 149% 和 185%，是信用产品供给端放量的最主要力量。截至 2012 年底，我国存量的城投债规模已达到 1.73 万亿元，占整个信用产品存量的比重也从 2008 年的 13.30% 上升至目前的 23.74%。由图 8、图 9 可知：截至 2011 年末，我国历史上有过发债历史的城投企业为 420 家，2012 年一年城投债发行主体新增数目就达到 307 家，这一部分城投企业债券发行规模约占去年全年发行量的 40%（净融资占比更高）。因此，从某种角度上讲，新增发债主体的大幅增多是导致 2012 年城投债整个板块放量的一个重要因素，也使城投债长期的供给量提升。随着城投债发行主体的迅速增加，城投债所涉及的地域也越来越广泛，目前除西藏以外，我国大陆已有 30 个省、自治区及直辖市已发行过城投债。从区域分布上来看，过去城投债的发行只局限于经济发达地区（如北京、上海、江苏）及行政级别较高的直辖市（如重庆），但 2012 年城投债发行规模分布更加广泛，除东部沿海地区因为可发债城投企业较多，发行规模依然较大外，中部部分地区（如湖南、湖北、四川等）的发行规模呈现增长趋势。

二、城投债风险探究

虽然城投债发行有比较严格的条件，其债券募集资金应符合国家产业政策并经过合规审查，但是城投债作为一种兼有国债（地方债）和公司债特点的债务工具，其风险程度比较高。

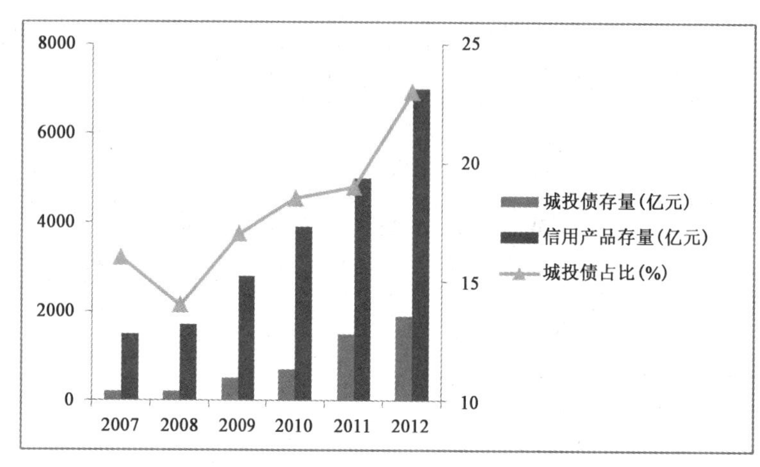

图 7　2007-2012 年城投债与信用产品存量

（数据来源：WIND 数据库）

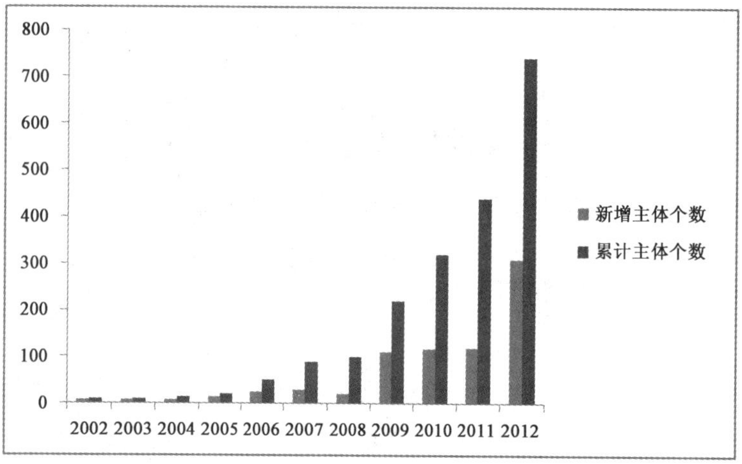

图 8　城投债发行主体激增（2002-2012）

（数据来源：WIND 数据库）

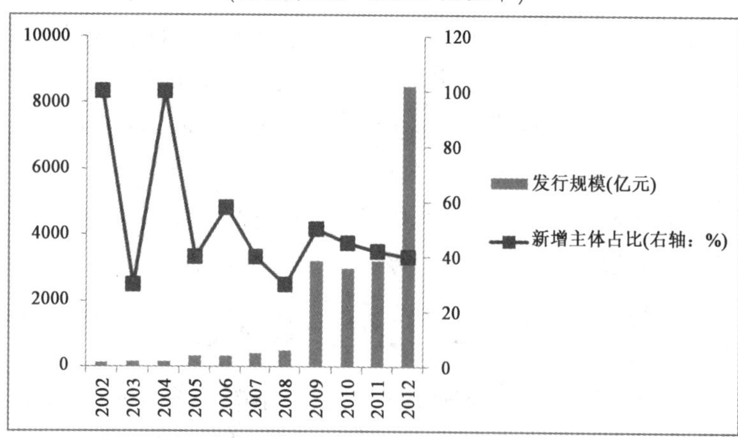

图 9　城投债年度发行规模与新增城投发债情况

（数据来源：WIND 数据库）

在迅速扩张过程中，其存在的风险和问题也开始暴露，以下从城投公司和地方财政两个角度对其存在的风险进行分析。

（一）从城投公司角度分析

1、公司治理机制不完善引发的运营风险

城投公司普遍为原政府财政或建设部门的下属单位通过改制、更名，同时挂牌等方式变更而成，企业成立时间短，主要管理人员大多为政府机关干部转制而来。城投公司由于其自身业务的特殊性，需要同政府相关部门保持密切的联系，投资战略受政府领导左右，经营自主权有限，很难控制自身投资风险。

2、财务风险披露不完整引发的偿付风险

城投公司财务报表质量较差，暗含较多财务风险。城投公司主营业务具有很强的公益性，产品及服务价格具有刚性，企业自身的盈利能力较差，如果没有政府补贴绝大多数都处于亏损运营状态。政府补贴是否能及时、足额地划拨给城投公司是评价投融资平台偿债能力的主要依据。除了少数经济发达的城市和地区外，很多地方政府给予城投公司的支持并不稳定，资产频繁划入划出、政府拖欠补助、股东占用企业资金等事件十分普遍。曾影响较大的“09 岳城建债”暂停估值事件正是由于投资者质疑岳城建资产的真实性和稳定性所引发的。

3、地方政府投融资平台不实引发信用风险

中国《公司法》明确规定公司发行债券必须符合“累计债券总额不超过公司净资产额的40%”，以及“最近3年平均可分配利润足以支付公司债券1年的利息”等要求。一方面，地方政府为了增大城投公司发债规模并提升其信用级别，一般情况下会向城投公司注入更多的资产，主要包括一些土地、公共事业公司等等；另一方面，企业会在利润和净资产方面刻意包装以满足发债要求，例如在发债前划拨资产给发债公司，或在某一时点下拨巨额补贴弥补近几年的经营亏损。而目前被广泛采用的连审三年的会计报表在编制时就有机会对财政划拨资产的时间和金额进行调整，财务报表一般都有净资产、利润、现金流逐年增长等良好表现，由此造成财务报表不能正确反映企业实际的财务风险。城投债信用水平与多方主体相互绑定，各部门的相互担保行为会造成系统性的风险的积累，对金融体系造成威胁。

4、城投债市场缺乏有效监管引发风险

目前，我国对城投债市场监管的法律法规尚不完善，除《证券法》和《公司法》略有论及外，对企业债券进行规范的莫过于《企业债券管理条例》以及部分部门规章。《企业债券管理条例》制定于20世纪90年代初，部分条款已不合时宜，而部门规章又尚不具备更高的效力。2006年4月25日，发改委、财政部、人民银行、银监会、建设部等五部委联合发文，严禁各级地方政府和政府部门对《担保法》规定之外的贷款和其他债务，提供任何形式的担保或变相担保。2009年11月末，财政部再次下发“特急”文件，特别针对当前政府融资平台公司由财政担保，向行政事业单位职工等社会公众集资，用于开发区、工业园等的拆迁及基础设施建设的现象进行制止。虽然文件没有涉及企业债券发行事宜，但这足以说明所谓的政府担保并没有可靠的法律依据。另外，我国对城投债发行主体的制约存在不足，当前对已发城投债的城投公司持续信息披露似未引起足够重视，它恰好是规范城投债发展的一个重要环节。地方政府并没有法律承认的担保资格去保证债券的本息安全，如果债务人违约，债权人也不可能将政府作为被告诉至公堂，难以保障债券持有人的利益。

（二）从地方财政角度分析

1、地方政府跨期换届引发地方财政困难

我国地方政府官员实行任期制，而且地方主要的领导人流动性很大，主要领导人常有更迭。目前各地政府大量融资，但由于兑付周期较长，跨越了地方政府换届周期，因此常常会出现前一届政府发行债券，后一届政府偿还债券的情形。城投债发行的期限一般是5到10年，而地方政府官方的任职期限一般为3年或5年，都小于城投债的期限，这样，偿债责任对举债的地方政府及其领导人形成的压力就不完全对应，存在前任政府领导人为求业绩不顾日后危机的情况。

2、融资冲动易出现同一资产反复融资

地方政府出于对资金的渴求以及地方政府手中资产的不透明性，可能出现一块资产重复包装进行融资的情况。云南城投在2011年就爆发了信用事件：2011年4月间，云南省公路开发投资有限公司向债权银行发函，表示：“即日起，只付息不还本。”该公司在建行、国开行、工行等十几家银行贷款余额接近千亿元，这引起债权银行的震惊。6月30日，云投集团重组，云南省政府拟将其持有的全部电力、煤炭资产及云投集团控股的云南电力投资有限公司账面总资产进行整合，组建新的集团。由于电力资产是云投集团最为优良的资产，很多债务是以电力资产作为抵押，或者以电力收益作为还款来源，如今这一块资产剥离出去，这将造成这些债券失去了还款来源，被市场人士看做是明显的违约行为。截至2011年6月30日，云投集团负债总额为425.9亿元，集团合并资产总额573.62亿元，资产负债率为74.25%。

3、巨额地方债务引发的偿债风险

根据财政部调查报告的数据显示，中国大多数省份债务余额超过当年全省地方本级财政收入，债务负担率大多数超过10%；从增长速度看，近年债务增长速度几乎都超过了GDP和财政收入增长速度。财政部财政科学研究所估算，截至2007年底，国内地方政府债务余额约4万亿元，占当年地方政府财政收入的143.7%；中央政府承诺2009年至2010年投入1.18万亿元的基础设施建设资金，但仍需地方政府自筹部分资金。因此，加上各地配套资金投入，地方政府这两年计划的投资规模高达18万亿元。出于融资便利的考虑，有的地方政府存在多个投融资平台，同一个地方的财政要为一个或多个投融资平台多次发债进行偿付，无疑加重了财政偿债负担。目前国家加大了对房地产市场的调控力度的同时，削弱了依赖土地出让收入的城投公司的偿债能力，一旦地方经济和财政收入出现波动将会对债务的偿还产生不利影响。尤其是县区级城投公司在地方政府投融资平台的比重不断增加，县区级政府由于财政失衡情况严重，融资动机更为强烈，其发行的城投债积累了更大的信用风险，尤其是近期存在对部分城投债信用评级下调的预期。

三、城投债规范发展的建议

城投债隐含的风险引起市场的广泛关注，2010年我国监管层先后出台《关于加强地方政府融资平台公司管理有关问题的通知》和《进一步规范地方政府投融资平台公司发行债券行为有关问题的通知》，要求各地政府对融资平台公司债务进行一次全面清理，规范地方政府投融资平台的管理，同时鼓励投融资平台公司通过债券市场直接融资，但对募集资金投向和增信方式等方面做出规定，城投债将进入了规范发展的阶段。综合上述对城投债风险来源的探究，笔者认为城投债的规范发展应从以下几个方面着手：

（一）建立地方政府偿债基金制度

地方政府偿债基金制度不仅存在于美国和加拿大等一些发达国家，而在印度等一些发展中国家也已经得到重视和初步建立。偿债基金指的是进行积累并将用于偿付债务本金和利息的专门基金。目前我国地方政府普遍没有建立规范的偿债基金，债务偿还缺乏有效保障。地方政府偿债基金的资金来源可以从预算财力和政府预算外资金收入、地方专项基金收入、财政结余调剂、债务投资项目收益、国有土地使用权出让收入中地方政府的分成收入以及国有资产收益中安排一定比例的资金用于偿债，同时优化财政支出结构，界定清楚财政支出范围，调整对不应由财政承担的支出项目应彻底清理，腾出部分资金用于偿债。为了使偿债基金更加规范，应将偿债基金纳入地方财政预算项目进行管理。

（二）规范地方政府担保机制

首先控制政府担保范围，控制担保事项的决策权，明确政府担保的原则、条件、范围、责任及有效的政府担保执行机制、控制机制和责任处理机制。其次完善对政府担保事项的配套要求，对于现阶段的地方政府担保而言，地方政府要对被担保地方的自有资金比例做出要求，对其融资额度进行限制，要求其实行偿债准备金制度，以及建立政府追索权制度等，减少地方政府担保所带来的风险。对于确需财政担保的项目，地方政府可根据项目的性质和特点，建立健全分级担保、反担保和实物担保等担保制度。对于市场竞争性项目，要采取借款单位与贷款机构借贷直对方式，财政不予担保。

（三）完善城投债信息披露制度

债务信息的充分披露是债务监控得以有效实施的重要保障，完善中国准市政债券信息披露制度应该从以下几个方面入手：第一，针对发债主体（城投公司）的资信披露，尤其是对非上市企业。此类信息披露应包括其财务情况、生产经营状况以及可能对债券市场价格或本息偿付产生较大影响的事件，便于投资者及时做出相应的决策；第二，针对募集资金使用情况和项目进度的披露，企业应该在以上环节定期、公开向市场报告；第三，通过法律法规明确规定地方政府必须对其地方财政和地方债务方面的真实情况进行披露，不仅要求对中央政府和当地人大进行披露，而且要向大众传媒和社会公众进行披露。通过动态分析和评估，将已经发生的各类债务风险通过一定的技术手段呈现出来，要严厉处罚从事隐瞒、骗取利润等欺诈行为的当事人，加大违规行为的成本。

（四）健全城投债的发行机制

首先，建立与地方财政收入的匹配城投债发行规模机制。地方性城投公司往往承担了当地大量非盈利性公共项目，从其自身的财务数据看，其资产总额虽然较大，但其主营业务收入很少，有些甚至为零。而目前各地城投债的发行条件是发行规模不超过发行主体净资产的40%，所以多数城投债的偿还高度依赖政府给城投公司的财政补贴，因此，城投债的发行规模仅仅通过城投公司的净资产来衡量是不够的，可尝试建立和地方政府财政收入相匹配的机制。

其次，单独设立城投债的发行审批主体加强信息披露公开。城投债独立的发行审批主体或可归于国家发改委作为下属的独立部门，城投债具有基础产业的行业特性，其发行审批不应该简单归于证监会，应根据其特有的行业和资金用途统一划归国家发改委审批，这样也符合国家产业政策的需要。加强信息披露公开方面，如城投公司的重大调整必须按程序进行，保证维持甚至优于原来的信用等级，还要征得债权人大会、担保人的同意。城投公司的经营性收入和利润应达到一定的标准，并逐步具备自我发展的能力。城投公司融资用于城市基础设施建设，还必须完善与政府的契约关系，落实还款资金来源，其次，征地拆迁、土地整理、储备、质押、项目BT协议、收费许可等涉及政府制度安排的环节必须规范、透明、可控。

再次，确保信用评级质量。应该大力培育地方政府债券信用评级机构，由于现在信用评级已经成为投资者判断债券风险的重要工具，而中国债券信用评级机构还远不成熟，所以要大力培育地方政府债券信用评级机构，有效识别地方债券特别是城投债的风险；然后制定科学的评级方法和完善的评级指标体系，应着力改进评级方法，并根据客观环境变化对评级指标体系进行相应调整，加强对经营风险的定性分析，包括行业风险分析、竞争地位分析、管理水平分析等，在借鉴国际先进评级技术和体系的基础上，结合中国实际，致力于开发符合本土特色的信用评级技术和体系。另外，针对城投债的存续时间较长，一般都将跨越两届政府的问题，可以在城投债的发行机制上作相关规定：在城投债的存续期内，相关政府和城投公司主要负责领导人将承担连带责任直至城投债按时兑付各期利息和本金为止。

参考文献

[1] 涂盈盈．城投债的发展与风险控制．中国经济研究，2011(09).

[2] 游俊．论我国城投债发展现状、问题及建议．中国外资，2011(12).

[3] 马晓红．我国城投债市场发展的思考．金融经济，2012(04).

[4] 白艳娟，谢思全．地方政府发展中的城投债分析．中国发展，2012(11).

[5] 赵旭．城镇化支撑城投债发展．东北证券股份有限公司行业研究报告，2013,2.

EPC总承包商对项目前期开发的管理实践

王宝东 杨俊杰

一、巴布亚新几内亚政治经济简况

巴布亚新几内亚（以下简称巴新）是发展中国家，资源丰富，经济落后，相当一部分人民迄今仍过着原始部落自给自足的经济生活。近40%的人口挣扎在国际贫困线以下。2002年联合国开发计划署人类发展指数显示，巴新在174个国家中列第133位，居南太岛国之末。

矿产、石油和经济作物种植是巴新经济的支柱产业。林业、渔业资源丰富。主要农产品为椰干、可可豆、咖啡和天然橡胶，棕榈油。工业基础薄弱。金、铜产量居世界前列，石油、天然气蕴藏丰富。

2003年，巴新国民生产总值116.31亿基那，利率为14%，通货膨胀率为8.4%。汇率：1基那=0.3040美元（2004年3月）。

巴布亚新几内亚政党主要有：（1）国民联盟党，1996年8月成立，为执政党，现有议员22名，总理索马雷为该党领袖。（2）联合执政党有：人民进步党，现有议员8名；人民行动党，现有议员5名；人民全国代表大会党，现有议员13名；巴布亚新几内亚党，现有议员9名；人民民主运动党等。反对党，现有议员12名。巴布亚新几内亚政府：宪法是1975年8月15日制定，同年9月15日生效。巴新议会为一院制。议员109人，任期5年。本届议会于2002年8月选出。现任议长比尔·斯卡特（BILL SKATE）。政府由议会中占多数的党或政党联盟组阁，内阁对议会负责。

巴布亚新几内亚政治：2002年8月索马雷政府上台后，放缓私有化改革步伐，实行"以出口带动经济复苏"战略，加大矿产资源的勘探和开发力度，大力推行国家公务部门改革，争取党派合作，化解社会矛盾，巩固执政地位，巴新社会秩序渐趋稳定。2003年GDP增长率为2%，为连续四年来首次正增长。物价指数逐渐回落，币值逐渐回升。但吏治腐败、经济疲弱、党派争斗、基础设施落后、贫富分化悬殊以及与澳大利亚等地区大国关系不睦等问题仍使巴新面临不稳定因素。中巴外交有磋商沟通机制现已进行了10次磋商。两国有友好省、市关系4对。

二、双边经贸、投资等合作关系

2011年，中巴新贸易额为12.65亿美元，同比增长12%，其中中国出口4.5亿美元，同比增长28.5%；进口8.1亿美元，同比增长4.5%。2006年11月3日，中国冶金集团与巴新方合作开发的拉姆镍矿项目奠基，2012年12月该项目正式投产，这是中国在太平洋岛国地区最大投资项目。2008年7月，首届巴新－中国贸易洽谈会在巴新首都莫尔斯比港举行。2009年12月，中国石油化工集团与巴新液化天然气项目牵头方埃克森美孚签署协议，中石化在项目投产后每年将获得200万吨液化天然气。截至2012年6月，中国在巴新非金融领域直接投资总额为3.24亿美元。

三、科技、文化、卫生交流

中国政府每年向巴新提供政府奖学金，供巴新方选派赴华留学生。1996年，中国杂技小组访问巴新。2000年，山东省济南市杂技团访问巴新。2011年，广东省艺术团访问巴新。2007年11月，双方签署关于中国旅游团队赴巴新旅游实施方案谅解备忘录，巴新正式成为中国公民出国旅游目的地。2012年底，中国向巴新派遣了第六批医疗队。

四、重要双边协议

1976年10月12日《中华人民共和国和巴布亚新几内亚独立国关于建立外交关系的联合公报》，1996年7月《中华人民共和国政府和巴布亚新几内亚独立国政府关于巴新在中国香港特别行政区保留名誉领事协定》，1996年7月《中华人民共和国政府和巴布亚新几内亚独立国政府渔业合作协定》，1996年7月《中华人民共和国政府和巴布亚新几内亚独立国政府贸易协定》，1997年3月《中华人民共和国政府和巴布亚新几内亚独立国政府关于中国香港特别行政区与巴新互免签证协定》等文件。

五、太平洋水产加工区项目

（一）项目背景

2006年4月，中国在中国－太平洋岛国经济合作与发展论坛上承诺，3年内向太平洋岛国提供30亿人民币的优惠贷款，主要用于基础设施等项目建设。2008年2月，中国进出口银行副行长率团访问巴新，推动落实各优惠贷款项目。2008年，中国沈阳国际经济技术合作公司几次与巴新政府商谈并达成合作意向。巴布亚新几内亚太平洋水产加工区项目就是在这样的背景下形成的。

巴新位于太平洋中南部，是世界上最大的金枪鱼输出国之一，但因加工能力有限，只有很少量的金枪鱼在巴新加工，大部分均直接出口。为了促进巴新经济发展和增加税收，巴新拟制订政策，凡在巴国海域续签捕鱼许可证的船队都必须在巴新设立加工厂。同时，巴新政府启动马当太平洋水产加工区项目，吸引各国船队在加工区建立水产品加工厂。巴新政府还派团到菲律宾棉兰老岛桑托斯将军城学习加工区经验。这个加工区原是由日本国际合作银行贷款新建，后由中国贷款扩建，是一个非常成功的水产加工区。

2009年9月，巴新政府内阁批准了本项目，国库部批准1700万美元的配套资金，用于购买土地及前期工程，并启动了申请中国政府优惠贷款的程序。

（二）地理位置

巴新西邻印度尼西亚，南与澳大利亚隔海相望。本项目位于巴新马当省。该省在巴新大陆的北部，以美丽的景色而闻名。

项目地点距马当市公路23公里，距马当港公路25公里，水路10公里，加工区可充分利用当地齐全的水电通讯消防等外部条件。建设地点的陆域和海域也均符合巴新海洋功能区划，与相邻功能区协调情况良好，是理想的建设地点。

（三）项目内容

项目分两期进行。一期工程占地100公顷，包括：渔港和集装箱码头、冷库、供水、供电、供油、通讯、污水处理、综合办公楼、场区平整、道路、围栏等。一期主要建设内容见表1。

（四）项目简况

（1）项目名称：巴新太平洋水产加工区项目

（2）业主名称：巴新商工部

（3）管理单位：太平洋水产加工区管理委员会（商工部委托）

（4）占地面积：200公顷

（5）项目金额：9500万美元（一期）

（6）资金来源：中国政府优惠贷款（78%），

主要建设内容　表 1

序号	项目	单位	数量	备注
1	填海造地面积	万 m^2	8.8	
2	用地面积	万 m^2	145.35	海陆域总和
3	集装箱泊位	个	1	码头长 220m
4	渔码头泊位	个	14	码头长 936m
集装箱港区				
1	综合楼	m^2	2700	3 层
2	车间仓库	m^2	2005	
3	变电所	m^2	100	
4	集装箱堆场	m^2	31595	
5	拖挂车停车场	m^2	3320	42 车位
6	汽车停车场	m^2	1350	80 车位
7	道路	m^2	28000	
8	码头作业区	m^2	5720	
9	绿化区	m^2	5800	
渔港区				
1	综合楼	m^2	720	
2	公共冷库	m^2	24000	3 座
3	制冰厂	m^2	2100	
基础设施区				
1	污水处理站	t	16000	
2	消防站	m^2	250	
3	电厂	MW	8	
4	油罐	m^3	6000	3000 m^3 2 个
5	供水厂	t	20000	

当地政府筹资（22%）

（7）承包及招标方式：EPC 总承包，议标

（8）总承包商：中国沈阳国际经济技术合作公司

（9）设计咨询单位：菲律宾丘克太平洋开发公司、美国马特里克斯设计咨询公司、中国交通建设集团第一航务局设计院

（五）当地政治经济状况

巴新自 18 世纪下半叶起受荷兰、英国、德国殖民者统治，1975 年从澳大利亚托管下独立，现属于英联邦。设总督和总理，总督为英国女王代表，总理为政府首脑。

巴新是发展中国家，资源丰富，经济落后，近 40% 人口生活在国际贫困线以下。

巴新自然资源丰富，有铜矿、富金矿、铬、镍、铝矾土、海底天然气、石油、森林和海洋资源。

矿产、石油和经济作物是巴新的经济支柱。巴新有 600 多个岛屿，海岸线长 8300 公里。金枪鱼捕捞量占中西太平洋年捕捞量的 20%。渔业除盛产金枪鱼外，还盛产对虾和龙虾。旅游业是重要的产业，旅游资源丰富，大部分旅游者来自澳大利亚、美国和英国。

（六）项目进展过程

（1）2008 年 7 月，巴新商工部长与总承包商签订了理解与合作备忘录。

（2）2009 年 5 月，巴新财政部向中国政府提交正式申贷函。

（3）2009 年 10 月，两国政府签署框架协议。

（4）2010 年 1 月，业主与总承包商商签确认总承包合同文稿。3 月底，将由总督正式签署。

（5）2009 年 2 月，中国进出口银行基本完成项目评估，于 2009 年 4 月签署贷款协议。然后项目正式开工。

（七）项目特点

1、概括的业主要求

本项目是一项标志着巴新经济转型并将巴新渔业融入全球经济一体化的重要举措。然而，业主对于项目的要求非常概括，虽然参照了菲律宾将军城水产加工区的经验，但仍未能提出详尽的业主要求。绝大部分前期工作均由总承包商委托咨询公司完成，包括项目可行性研究、加工区政策等，由业主对各阶段成果进行审批

确认。

2、复杂的健康安全环境（HSE）条件

（1）当地治安环境差。首都和各省常有盗抢案件发生，由此伤人和致死案件也时有发生。马当省还曾发生因劳资问题引起工人罢工的事件。工程治安需雇佣专业的保安队伍。

（2）巴新为疟疾、登格热等传染病区。当地医疗设施和服务条件差。项目需制订针对性措施保障人员健康，如配备急救人员和医疗设施等。

（3）马当省风景优美，政府和民众对环境保护问题非常重视。项目的设计施工方案对环保问题应采取足够措施。

（4）总承包商应编制 HSE 管理手册报业主审批后实施。

3、当地建材和设备缺乏

当地建材工业落后，除砂、石外，仅有少量建材和设备配件供应，价格较高。本项目大部分设备和材料及施工机械均需进口。马当省属旅游地区，当地对大规模采石进行审查严格。因此本项目方案设计中大量采用预制件，海运或陆运到现场后组装。

4、缺乏当地标准

巴新主要采用澳大利亚标准。当地没有完整的建筑法规、设计施工规范、行业标准等。根据贷款协议规定，本项目大部分设备材料来自中国，设计施工单位多为中国企业，选用合适的标准对工程实施和验收影响重大，也是总承包合同谈判的重点之一。

5、涉及专业种类繁多

本项目内容包括渔港码头、集装箱码头、制冰厂、冷藏库、供水厂、污水处理厂、发电厂、通讯站、综合办公楼等。涉及专业种类多，协调工作任务重。EPC 总承包商前期开发管理中采用设计总包，并聘请咨询顾问进行设计审查，力求责任主体简单，提高协调效率。

6、水文地质资料缺乏

根据总承包合同，本项目水文材料和水下地质资料由业主另行委托并向总承包方提供，且确保其准确性。实际上，由于当地没有对海洋的常年观测资料，用于设计的基础资料缺乏，业主仅可提供潮汐水位资料和部分地质勘察资料。无波浪、水流和泥沙等资料。因此，方案设计和详细设计中采用理论推算、参照附近海域资料及补充勘测等方法加以解决。

7、当地机构效率低下

巴新政府机构的办事效率较为低下，办理工程审批相关事宜常常一拖再拖。这也是多数项目难以按计划工期完成的重要原因。另外，当地政府高层到地方各行政部门贪污腐化现象较为严重，这也加大了项目实施的难度。

（八）项目开发管理的方法和策略

1、项目组织架构

项目组织架构如图 1、图 2 所示。

2、快速推进计划

（1）总进度计划

项目总工期 48 个月。其中设计工期 6 个月，施工工期 42 个月。计划于 2010 年 5 月开工。总进度计划如图 3 所示。

（2）项目奠基仪式已经举行

业主的对项目需求非常迫切，已于 2009 年 6 月举行了项目启动奠基仪式，开始进行现场准备工作，包括项目动迁、现场范围周边道路施工、整开发区测量界定及边界围栏工程。

（3）设计期同步进行施工准备

为配合项目进展，总承包商计划于设计期同步进行施工准备。设计批复后即正式展开施工。对风浪季节对施工进度的影响也做出了充分准备，保证项目在计划工期内完成。

（4）组织分包商提前进行现场考察

对于项目的主要工程集装箱码头和渔港码头，在设计考察和方案设计时即邀请潜在的三

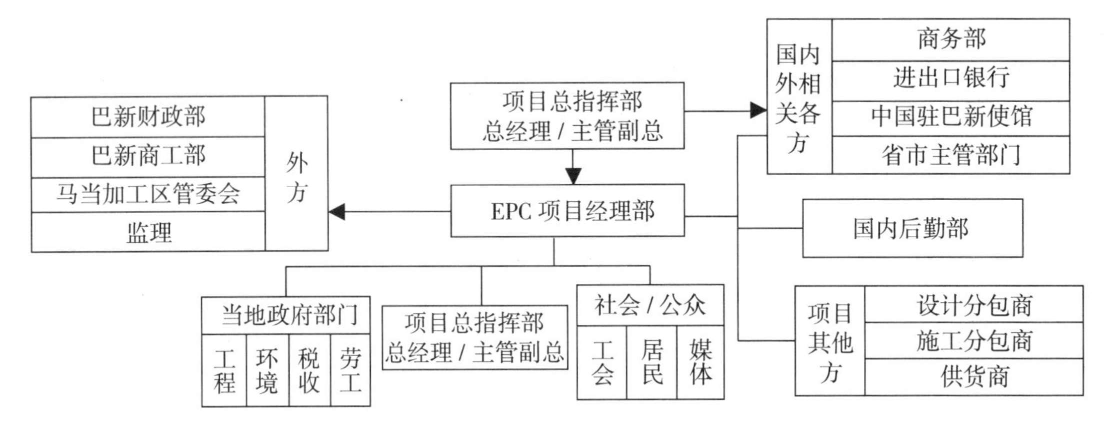

图 1 总体组织结构图

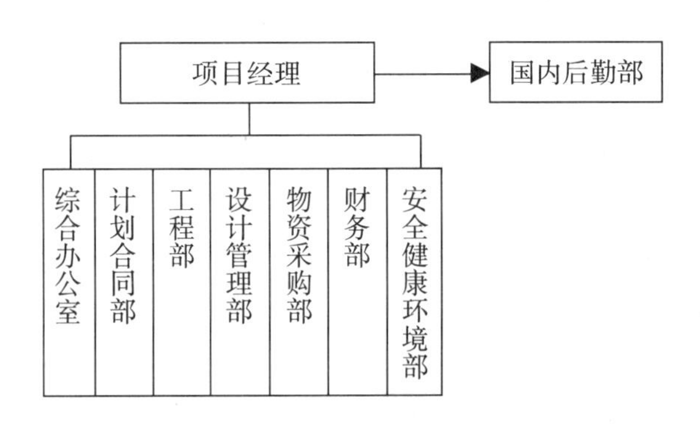

图 2 项目经理部组织结构图

个港口工程分包商介入，熟悉现场情况，参与方案优选，并提早进行工程投标准备。

3、招标策略

巴新有近十家中资公司，多表示有兴趣参与本项目的施工建设。当地政府则希望能将部分工程发包给当地公司承建。

（1）举办项目简介会

总承包单位对于拟招标的工程，在中国及巴新举办项目说明会，对有设计、施工资质和当地施工经验的分包商发出邀请。由项目商务、技术、管理人员介绍项目特点、当地情况、具体要求等。总包商在考察现场确定设计方案时也邀请与会单位参加现场考察，并参观附近工地、码头、当地情况，以便参与单位尽早了解工程总体情况和技术商务和自然情况等风险，明确投标意向，增强项目投标信心，最终投出有竞争力的标书。通过谈判比选，2009 年 8 月选定了设计单位实行设计总包。各专业设计分包商由设计总包单位协调。2009 年 10 月初步确定了拟邀请施工投标单位，做好准备将在贷款协议签署后即开始正式招标程序。

（2）资格预审

根据项目的各单项工程情况，招标采用资格预审方式，目的是了解投标单位对项目的意向和实力，减少招标评标工作量，确保有 3 至 6 家有实力的单位参与竞标，力求在招标阶段就可以有效地控制项目的成本、工期和质量。

（3）严格招标程序

在方案设计时，总承包商为了尽早了解各单项工程造价，提前请当地分包商对方案提出方案和初步估价，并作为初选分包商的重要步骤。

考虑到当地公司技术实力较弱。在施工招标时，关键的单项工程拟选用中国分包商，并将公司财力、技术、人力等实力及当地工程经验作为评标分数权重的组成部分。

对于当地分包商将严格按照招标程序，采用当地通用的项目合同条件进行招标。整个项目计划由 4~6 个分包商进行施工，太多则增加协调工作量，不利于统一调度和明晰责任；太少则一旦发生重大合同纠纷事件，难于对分包商进行有效控制，增大工期、成本等风险。

4、建立伙伴关系

总承包商作为沟通业主及各设计施工咨询单位的核心，应提倡在业主、贷款方、总承包单位、分包单位等干系人之间建立伙伴关系。

（1）业主与贷款方

本项目为中国政府优惠贷款项目，项目成败对两国政府关系发展意义重大。良好的伙伴关系是促进项目成功实施和两国加强交往合作的必要方式。

（2）业主与总承包商

总承包商是业主和贷款方共同确定的工程实施单位，肩负着实施政府间合作项目的经济和政治责任，并促进中国设计和施工企业国际化、带动中国材料设备出口和劳务输出。要实现在确定的成本工期和质量要求下顺利完成任务的目标，必须充分认识本项目的性质，与业主建立伙伴关系，突破国际承包工程业主与承包商合作中容易产生的对立立场。

鉴于本项目属于政府间援助项目。在总承包协议谈判中，双方同意采用 FIDIC 总承包通用合同条件。对于一些特殊条款，双方商定：

① 业主负责委托实施地质勘察工作。施工时地下开挖及水下开挖的不可预见的地质风险由业主承担。

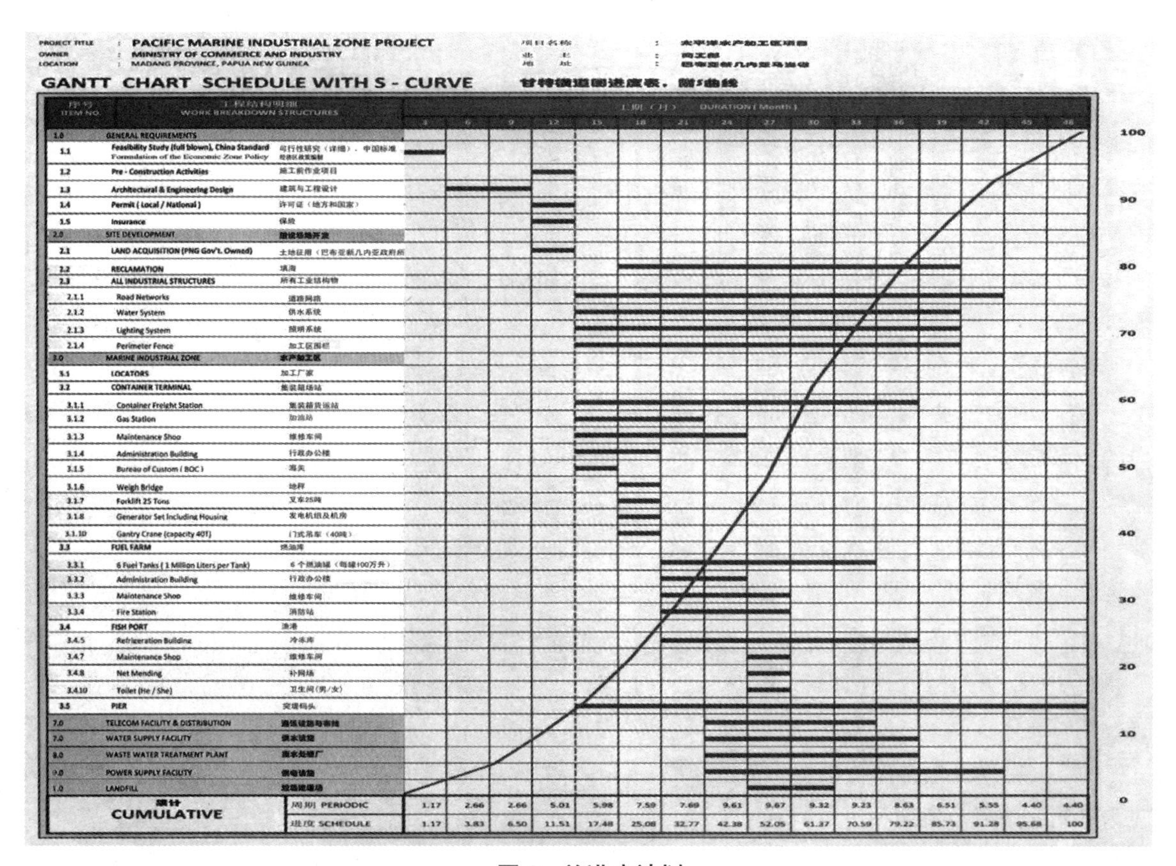

图 3 总进度计划

② 所有进口物资应符合贷款协议中的有关规定。

③与项目有关的所有税费均应免除，包括进口货物关税、当地货物税费和营业税、所得税。业主应签署支持承包商清关和免税的文件。如未能获得免税，应付和已付和税款由业主补偿。

③ 付给承包商的工程款应根据工程所用的劳动力、货物和其他投入的成本的涨落（超过20%）而调整。

（3）总承包商与各分包商、供货商

总承包商将尽量选用中国分包商和中国供货商，并适当考虑当地政府对带动当地分包商发展的要求，合理选用当地分包单位。总承包商和各分包商、供货商在此基础上更利于建立伙伴关系，使参与各方通过实施项目实现共赢，共同完成项目的整体目标。

5、采用标准

当地没有系统的标准和规范，在本项目的总承包合同谈判中双方商定，鉴于本项目设计由中方进行，大部分设备材料均从中国进口，因此，本项目可采用中国标准，但在设备选型和制造时，应选用通过 ISO 9000 系列标准认证的厂商，并考虑当地实际情况，采用适当措施满足与当地设施接口、外围配套等使用和运行要求。

6、价值工程

前期开发管理中，总承包非常重视设计阶段的成果成本、质量、工期等方面的影响。在方案设计阶段，对渔港、集装箱码头的设计组织了多次技术方案论证会，利用价值工程技术，优化整体设计。主要优化内容包括：

（1）码头与集装箱泊位布局位置的调整优化；

（2）装卸工艺由岸桥场桥方式改为多用途门机、集装箱吊运机和叉车组合方案；

（3）集装箱堆场和场区道路由混凝土大板方案改为高强联锁块方案，以适应当地石料短缺现状，并满足成本控制的要求；

（4）发电厂装机容量由 24MW 优化为 8MW，并预留二期扩容位置，以满足一期功能，以及业主分期投资开发的规划。

（九）结语

本工程总承包项目在 FIDIC 的 EPC/T 合同条件总框架下，适当突破了该合同的固有模式，经业主和总承包双方协商签订了适于该项目的总承包合同条件，既未脱离国际通行的合同条件，又符合项目所在国的具体项目特点和环境，为工程项目实施创造了比较有理、有利、有力的基础条件。它有利于实现双方的利益目标，总承包方达到了理想的目的，显示了决策者的创新性、原则性和灵活性。这是值得业内管理者切磋借鉴的比较重要的一个亮点。

总承包方非常重视设计阶段的成本、质量、工期、安全和风险等方方面面的影响。在方案设计阶段，对渔港、集装箱码头的设计组织了多次技术方案论证会，利用价值工程技术，优化整体方案设计。但不足之处是对采购、施工中可以优化的没有能够深度挖潜、商洽及更紧密结合，以取得经济效益、社会效益的更佳效果。

由于某些原因该国当地没有什么工程项目方面的技术标准和规范，故采用中国国家的技术标准。该项目实施的整个过程中（下转第 43 页）

图 4 集装箱码头实景

从某别墅项目
谈先行建造样板示范区的必要性

王春刚 龚建翔 孙 哲

（信达地产股份有限公司长春信达丰瑞公司，长春 130000）

摘 要： 联排别墅项目作为住宅地产的高端产品，正在被社会富裕阶层所接受，随着中国经济的高速发展、资本积累的增加，一些中产阶层迅速发展成富裕阶层，他们对所居住环境的改善有了更高的要求，设施齐备、功能完善、环境优雅的联排别墅产品在这种需求的推动下，有了突破式的创新和发展，信达龙湾联排别墅区项目就是在这种大背景下，开发出的第三代联排别墅产品。先行建造该产品的样板示范区为我们了解细化该产品的使用功能和建造方式，以及为后期的规模开发建造提供了宝贵经验。

关键词： 联排别墅；样板示范区；建造方式

联排别墅项目起源于19世纪四五十年代的英国新城镇时期，地上层数一般在二至三层，是一种容积率较低、居住较为舒适的低密度住宅产品。原始意义上的联排别墅，是指在城区联排而建的市民城区住宅。这种住宅大多是沿街建造，由于受沿街面的限制，所以更多表现为大进深、小开间，邻里之间有共用墙，独门独户、生活独立、互不干扰。其外立面形式更多表现为新旧混杂的形式。随着经济的发展，城市的扩充，其建造位置逐渐向交通便利的城郊方向发展。在欧美发达国家联排别墅的消费群体主要是中产阶级或新贵阶层，由于这些国家工业革命较早，经济得发展较快，因而在此期间涌现出一大片中产阶层，成为该产品的消费主体。单位面积的土地上人口较少、土地资源充足、交通运输业发达，也是联排别墅产品成为欧美发达国家住宅产业主导产品的另一重要因素。

一、我国别墅项目的建造历史和现状

我国的早期别墅项目大多建造于1840年鸦片战争以后，由外国传教士、商人及政府驻华使、领馆官员在对外开放的通商口岸建造和使用。其建筑形式也是五花八门、风格各异，通常代表列强各国的建筑风格，与传统意义上的中国四合院建筑风格，形成鲜明的反差。现在在广州、厦门、青岛、烟台、大连等当年的通商口岸仍可见当年西式建筑之美。而内地，当时则主要是由军阀和政府高官抢占和建造私人官邸为主要代表。例如：华北地区的天津，大军阀

曹锟在河边区五路建造的曹家花园和在英租界建造的西式二层砖瓦楼洋楼；华东地区的上海，晚清北洋大臣李鸿章在华山路849号建造的西式别墅——丁香花园；西南地区的重庆，军阀白驹在环境优雅的歌乐山上建造的中西合璧式山景别墅——香山别墅（又称白公馆）；东北地区，民国时期的东三省巡阅使总参谋长张作相请德国设计师设计，在吉林市松花江北岸建造的欧式风格独栋和联排别墅——张作相官邸。当时的别墅更多的是为官僚贵族、达官显贵建造和使用的豪华奢侈品。

别墅产品，特别是联排别墅产品真正大批量走进公众视野还是在我国改革开放的中后期，特别是在近10年之内。由于受到我国国情因素的影响，即人口多、底子薄、人均占有土地面积少，为保证国家18亿亩耕地红线的要求，国土资源部曾于2003年出台政策，限制性批准独栋别墅用地，并于2006年出台政策，完全停止建造独栋别墅。这一政策的出台后，独栋别墅产品彻底的淡出人们的视野，同时联排别墅产品确得到了空前的发展，信达龙湾联排别墅项目就是在这种大背景下产生的第三代联排别墅产品。

二、信达龙湾联排别墅产品的特点和使用功能上的创新

信达龙湾联排别墅项目，在2012年长春高新南区八一水库板块启动立项，是2013年开发建设的国内第三代联排别墅产品。在项目启动之初的方案设计阶段，就将该产品定位为该区域的高端产品。在建筑风格和使用功能上既继承了前两代联排别墅产品优点，同时又有了突破式的创新，并将许多新鲜元素融于产品之中。

其特点具体表现为以下几个方面：

（一）在外立面设计上

（1）屋顶，大胆选用中西合璧的方式，将中国传统建造风格的故宫太和殿大屋顶运用于该产品，外立面则采用新概念水平墅的欧式新古典风格，深蓝色的波形瓦屋面，配浅咖色的真石漆仿石材外立面，使整个建筑色调优雅、稳重大方。

（2）立墙，通过屋面檐口和各层凸窗眉线深咖色的水平线条，和附墙柱形式落水管井的竖向线条，形成了横竖有序的外立面线脚划分。

（3）墙裙，整栋别墅底层的墙裙部位，采用2.5米高花岗岩干挂石材作护角，使整栋建筑的外立面从屋顶到墙裙和浑然一体、光彩夺目。特别是到了夜晚，随着墙壁灯和楼体泛光灯的开启，整个建筑更凸显流光溢彩、五彩斑斓。

（二）在新元素创新上

三层的东、西、南三侧的外立面窗间墙部位，安有欧式壁灯和通透的铁艺玻璃栏杆，与各户的一层客厅通透的落地窗及各层的居室飘窗、书房、厨房平窗，形成了完美的艺术结合体。

使用功能上的突破和创新，具体表现为：

（1）屋顶，按照节能环保要求，为每一户设计安装了容积为300升的太阳能热水器，可供各用户全天候使用热水。

（2）在三层南向和东段套的东向，为每一户建造了室外观景平台，近305公顷的八一公园一览眼底。

（3）在首层地面标高设计上采用高于室外正负零地坪1.5米高的方式，这不仅使客厅的采光、观景效果得到了改善，而且老人房和餐厅也做到了景观和使用功能的最大化。

（4）在每套房屋的一、二层中间区域，设有近七米高的挑空中央大厅，这样不仅增加了室内空间的舒适感，同时也为不同楼层的居住者提供了更加便利的交流空间。

（5）在套房的首层客厅采用3.6米层高和六米超大开间，使人没有了压抑感；相反，通过首层客厅和挑空大厅的通透式连接，使整栋建筑的休闲和居住的功能更加完美。

（6）在半地下负一层的东端套，设有18.8米长、3.6米宽的泳池，实现了地下室使用功能的创新。

（7）在地下室北侧设有纵、横两种方式的双向停车位，不仅解决了每户两台车同时停放的问题，而且还利用剩余空间，在北侧增设了有明窗的佣人房，使该区域的使用功能达到了最大化利用。

（8）采用由地下负一层，通往各楼层的私人独享电梯，从根本上解决了老人上下楼梯不便和家人出行对他人打扰的难题。

三、信达龙湾售楼处及样板房示范区在建造过程中遇到的问题和解决办法

按照总部及公司的部署，信达龙湾项本着样板先行的原则，在五月份就先行开工建造售楼处和样板房示范区，在建造过程中遇到了以下问题：

（一）基坑的排水问题

由于地勘报告是在上一年冬季完成，开工建设是在第二年春季进行，受地下水季节水位变化和东北地区春季冰雪融化产生大量地表水的影响，地下室在开挖过程中的实际水位要远高于地勘报告上的描述。基坑降水、排水问题一度成为影响和制约工程进度的一大难题。在此过程中，通过采用基底碎石垫层、设置盲沟滤水系统、安装大功率潜水泵等措施解决了基础排水问题。

（二）地下负一层标高问题

由于地下负一层不在规划限定的容积率范围内，限定2.5米层高，需要解决高档吉普车进出不便的问题。经过与设计部门多次协商，采用降低梁标高，在不违规的前提下小幅度提高本层的建筑标高，使用宽扁梁等措施解决了标高问题。

（三）车库门对车辆出入的影响

原设计的车库门为翻板式开启，安装完成后发现该开启方式会受到梁标高影响，而降低出入口的净高。经与设计部门协商，通过改变出入口上部门的檐口形式、用卷帘门替代翻板门等措施，解决了门口标高提升的问题。

（四）优化调整窗的数量及开启方式，降低工程造价

在原设计中窗的数量较多，并且安装部位和开启方式也不尽合理，例如在东段套二层书房的东侧和北侧同时设有窗，这样在一定程度上就限制了屋内床和其他家具的摆放，同时也对本楼二层室外LOGO的位置产生影响，通过减掉二层东向窗，改用实体墙，不仅降低了工程造价，还使LOGO的观赏效果达到了最大化。在东西端套的一二层挑空大厅，原设计的竖向条形开窗在二层无法实现开启功能，通过优化

改为固定扇和整块玻璃，不仅减少了窗用料和五金件，还降低了工程成本，使挑空大厅的观景效果得到了改善。

（五）通过改变建筑、结构形式、解决顶层房间舒适性问题

在不违规的前提下，通过小幅度提高顶层房间标高、缩短檐口尺寸、将三层露台的实体墙改为毛玻璃透光墙、露台栏杆改用通透式玻璃栏杆等方式，从根本上解决了三层主人房采光效果最大化的问题，同时三层露台的观景效果也得到了改善。

四、信达龙湾外环境景观样板示范区的特点和建造过程中遇到的问题及解决办法

信达龙湾外环境景观示范区，是以面向八一公园东门主入口为起点、超凡大街为终点的东西向景观轴，它与南北方向的园区主体水系“龙湾”形成十字交叉，构成整个项目的外环境景观主核心区。

其中一期建设的景观示范区，在东门主入口售楼处门前近150米长的景观轴由石材步道、观景平台、叠水、花钵、吐水天鹅等构件组成硬质景观区，在区间配有水池、廊架、休息座椅等设施，示范区的软质景观由大面积丛生林，参天古木，小型灌木，微地形草坪，应季鲜花组成。为了达到景观与售楼处同步交付，施工方式采用软硬质景观交叉施工、同步推进的原则。在施工过程中遇到的问题有：地基土沉降期短达不到要求，人工夯实不到位，在休闲区石材铺装后产生不均匀沉降，种植土在雨水冲刷后产生流失和沉降。

通过集中对地基土进行返工夯实，将原基础底板设计的素混凝土改为钢筋混凝土等措施，解决了上述问题。草坪、花草在夏季移植后出现了局部死亡的现象，通过补种、加强养活等措施，上述问题得到了有效解决。在景观示范区大型乔木的种植过程中，发现原设计的乔木无论从树种，还是树的胸径都无法满足长春市高端消费群体的需求，通过及时调整种植方案，从长白山、小兴安岭引进大型乔木等措施，解决了高端消费者对龙湾别墅产品外环境景观的认可。

五、先行建造样板示范区给我们的启示

样板先行通常指需要完成的项目，在整个项目尚未完全开工前，通过采用事前控制的方式，先行建设某一点、某一面或某一局部，来探讨研究工作中所遇到的问题和解决办法，为后续工作的顺利进行提供经验。信达龙湾售楼处样板房和景观示范区就是通过这种方式组织建设和实施的。由于信达龙湾联排别墅产品是在第二代别墅产品之上进行功能升级的第三代产品，并融入了许多新的功能，在产品研发初期势必会有很多先天性不足，通过先行建设样板示范区的过程中，发现和解决问题，为后续工作提供了宝贵的经验。总之，先行建造样板示范区不仅是非常必要的，而且也是切实可行的，同时也是规避和降低工程建设风险最有效的途径。

参考文件

[1] 罗小未 . 外国近现代建筑史 . 上海：同济大学出版社 .
[2] 潘谷西 . 中国建筑史 . 南京：东南大学 .

中国企业在缅甸投资状况分析
——以中缅油气管道项目为例

陈雅雯

（对外经济贸易大学国际经贸学院，北京 100029）

一、中缅油气管道项目简介

2009 年 12 月，中国石油天然气集团公司与缅甸能源部签署了中缅原油管道权利与义务协议。协议规定，缅甸联邦政府授予东南亚原油管道有限公司对中缅原油管道的特许经营权，并负责管道的建设及运营等。东南亚原油管道有限公司同时还享有税收减免、原油过境、进出口清关和路权作业等相关权利，缅甸政府保证东南亚原油管道有限公司对管道的所有权和独家经营权，保障管道安全。中缅油气管道是继中亚油气管道、中俄原油管道、海上通道之后的第四大能源进口通道。它包括原油管道和天然气管道，可以使原油运输不经过马六甲海峡，从西南地区输送到中国。中缅原油管道的起点位于缅甸西海岸的马德岛，天然气管道起点在皎漂港。缅甸境内全长 771 公里，中国境内原油管道全长 1631 公里，天然气管道全长 1727 公里。中缅油气管道境外和境内段分别于 2010 年 6 月 3 日和 9 月 10 日正式开工建设。2013 年 9 月 30 日，中缅天然气管道全线贯通，开始输气。这条管道每年能向国内输送 120 亿立方米天然气，而原油管道的设计能力则为 2200 万吨 / 年。项目总投资额为 25.4 亿美元，其中石油管道投资额为 15 亿美元，天然气管道投资额为 10.4 亿美元。

在项目建设过程中克服了重重困难。首先是自然条件方面：这条从横断山脉和云贵高原穿过的中国第四条能源战略通道，被称为我国迄今为止“施工难度最大、环保要求最严、建设工期最紧”的管道建设工程。中国段的施工难度主要有三类：首先，是崇山峻岭间隧道和大型河流上管道的跨越。按照规划，中缅管道国内段要穿越隧道 64 处，隧道总长达 68 公里，平均单条隧道超过 1000 米；要跨越大型河流 8 条，其中怒江的跨越长度达 557 米，堪称中国石油管道建设第一跨，施工难度之大前所未有。其次，管道所经滇黔桂 3 省区，沿线断裂带密布，地震活动频繁，而且多为喀斯特地貌，具有“高地震烈度、高地应力、高地热”和“活跃的新构造运动、活跃的地热水环境、活跃的外动力地质条件、活跃的岸坡再造过程”等“三高四活跃”特点，复杂的地质条件给设计和施工带来严峻挑战。其三，是征地协调难。一方面因云贵地区山多水多土地少，农民惜土如金；另一方面因土地补偿方式比较繁琐，征地协调难度大大增加。除了自然因素外，人为因素也给项目建设带来了不小挑战：中缅油气管道缅甸境内近 800 公里的距离需经过克钦独立军占领区、巴郎国家解放阵线、北掸邦军和南掸邦军四个地方势力所控制的区域，而该地区数年的战火已让中缅油气管道屡次停工；2011 年 9 月

30日，缅甸政府就迫于国内压力，单方面突然宣布搁置中缅两国密松电站合作项目。2012年7月24日，缅甸国内政党对中缅油气管道提出第三次议案，而此前，缅甸联邦国会均以涉及国家重大战略为由对提案否决搁置。中缅油气管道还一直受到西方媒体以及反华势力的诋毁。2009年西方媒体联手“瑞区天然气运动”流亡组织发布“权力走廊”的报告，声称“管道将经过缅甸许多村庄，引发强制拆迁、环境破坏及人权侵犯”。西方媒体也蛊惑称，“缅甸人民面临严重能源短缺，这种大规模能源出口只会加剧社会动荡”，并警告称外国投资者与缅甸做生意面临金融和安全风险的“完美风暴”。而在中国对缅甸的协商过程中，也曾出现过管道建设的分歧。谈判初期，中缅两国的关注点不尽相同。对缅甸而言，主要是希望把近海开采的天然气卖出去，缅甸盛产天然气，但石油产量不高。有资料显示，缅甸天然气储量位居世界第10位。但对于中国而言，除了天然气，中国还希望建设一条石油管道，把从中东进口的原油从缅甸输送到国内，油、气两条管道同时铺设则更为经济。最终，该项目还是采取了中方提出的油气双管道建设方案。

二、中缅油气管道项目分析

一方面，中缅油气管道项目对我国有着重大的战略意义和经济意义。在战略层面，目前我国进口原油的绝大多数是依靠经马六甲海峡的海上运输通道进入境内，中缅油气管道是继中哈石油管道、中亚天然气管道、中俄原油管道之后的第四大能源管道进口通道。中缅原油管道为我国油气进口在西南方向上开辟的重要陆上通道，缓解了中国对马六甲海峡的依赖程度，降低海上进口原油的风险，为我国原油进口增添了一条进口线路，有利于增强我国石油供应安全性。经济层面，中缅管线是通向中国西部的捷径，可以加快西南地区的建设。中缅油气管道建设，不仅将填补云南成品油生产空白，而且也将对云南省化工、轻工、纺织等产业产生巨大拉动作用，石化工业将成为云南省新的重要产业。中缅油气管道经过云南多个州市，对推进云南经济结构调整和增长方式转变、加快经济社会发展、促进边疆少数民族地区经济社会进步具有重要的现实意义和深远的历史意义。长远看，中国还可以沿中缅石油管道修建公路和铁路，并把皎漂开辟为中国西南地区出口南亚、西亚、欧洲和非洲的货物中转站。

另一方面，虽然中缅油气管道已全线贯通并开始输气，但是之后仍有诸多变数。最大的不确定性来自政治方面，2015年缅甸即将面临大选，目前各政治势力都开始为大选筹划和布局。由于缅甸民众对军政府最不满意的是腐败问题，因此有些势力会借操作不透明、利益分配问题对中国投资进行指责。尽管项目尚未受到来自缅方官方的阻力，但密松水电站和莱比塘铜矿两大项目的前车之鉴，还是令许多人心存忧虑。同时，随着缅甸的转向，这片土地已经成为亚太地缘政治新的角逐场，美国和日本都开始尝试在此深度介入。2012年11月19日，美国总统奥巴马成为50多年来第一位访问缅甸的美国总统。奥巴马表示，希望缅甸现在的改革能够巩固，其中包括政治改革、经济改革和民族和解。日本新首相安倍晋三于今年5月24日访问了缅甸。这是自1977年以来，日本首相首访缅甸。安倍称，缅甸既能以低廉的价格组装产品，又能为重振日本经济提供新市场。美日的种种做法都表明，他们将加快密切与缅甸的关系，虽然凭借中缅油气管道在内的中缅合作三大“千亿工程”(以缅币计)，中国在这场角逐中，似乎已经走在了前面。但是，这种局面在外部压力增加的情况下能否稳固、长久仍然值得思量。在经济方面，中缅油气管道项目计划总投资为25.4亿美元，其中石油管道投资额为15亿美元，天然气管道投资额为10.4亿美元。若加上在缅甸和云南兴建相关设施、维护等费用后，项目总成本或将高达 50 亿美元。管输成本的多少，和管径、压力以及输送量有直接关系。在前两个要素相同的条件下，管输量越大，每单位石油或天然气的输送成本也就越低。如果最终输送量达到该管道的设计输送量，即每年 2200 万吨原油和 120 亿立方米天然气，该项目将实现最大经济性。但若上游资源无法足量与可控，管道便会部分闲置，输送成本将远高于前期按基准收益率核出的管输费，导致项目亏损。而缅甸目前能供给中国的气量规模仅有每年 40 亿立方米，目前尚无新气田被发现。这意味着中缅油气管道每年 120 亿立方米的输气量，有 2/3 必须依靠进口 LNG(液化天然气)。在该项目“外购资源(中东、非洲)→过境国(缅甸)→消费国”的模式中，缅甸主要扮演过境国角色，无法保障资源的足量和可控。在气价方面，中石油规划总院一专家介绍，所有管道项目投资的回收仅有一条途径，就是向下游用户收取管输费。按国家主管部门规定，中石油将在 8% 的基准收益率基础上核定项目管输费。如果按亚太市场的 JCC 价格(日本进口原油综合价格)从中东购买 LNG，再按国家发改委规定的天然气价在国内销售，巨额亏本就是必然。除了资源来源、价格难题外，中石油还要面对极高的施工难度，以及未来不可预见的诸多维护成本。该管道需翻过海拔近 5000 米的横断山脉，穿过澜沧江，经过大片原始森林，泥石流、山崩等事故时有发生，恶劣的自然环境将给项目的维护增加巨额维护成本。

三、中缅油气管道项目对中国对缅甸投资的启示

斥资 25.4 亿美元中缅油气管道项目如今已建成并开始输气，在带来战略和经济价值的同时，未来也存在着诸多不确定性。这宗大型海外投资项目为我国企业在缅甸投资带来了启示。

1、政府方面：首先，中国政府应争取与缅甸政府在政治、经济、法律、税务、商务等方面进行协调，为企业争取缅甸优惠的投资政策和税收政策。通过政府间的协议约定，建立约束缅甸政府履行义务的有效机制。其次，建立风险保障体系，投保海外投资险。海外投资保险是重要的政策性保险产品之一。建立海外投资保证制度可帮助企业规避投资风险，尤其是国家风险。最后，可借鉴日本经验，设立贸易振兴机构，在缅甸各地设置办事处，负责搜集当地第一手的资讯，并近乎无偿地给本国企业使用，使中国企业在信息资源上不落后于竞争对手。

2、企业方面：首先，实施谨慎的项目评估。中缅油气管道缅甸境内近 800 公里的距离需经过克钦独立军占领区、巴郎国家解放阵线、北掸邦军和南掸邦军四个地方势力所控制的区域，一旦战争爆发极易成为战场。中电投公司在缅甸克钦邦“第二特区政府”辖区内投资此项超级项目，未考虑“特区政府”和当地群众的根本利益，只考虑丹瑞集团的利益，甚至相信缅军政府有能力用武力实施强拆强迁解决问题，这一决策的谨慎性有待商榷。其次，既要做也要说。中石油对油气管道的宣传工作不到位也是导致缅甸社会对该项目的各种不理解的因素之一。中国人做事比较低调和含蓄，虽然长期以来为缅甸基础设施建设和国内发展做出了很多贡献，但往往是只做不说。西方国家则不同，没做什么可能就宣传先行，反而更受缅甸民众的关注。截至 2013 年 5 月 10 日，中石油及相关公司已累计向缅甸投入了近 2000 万美元，援建了 43 所学校、2 所幼儿园、3 所医院、21 所医疗站及马德岛水库和若开邦输电线路。这些不菲投资并未在缅甸收到预期效果，甚至适得其反——中石油在上述公益项目中仅是出资方，具体操作则由缅甸政府来做，导致大量学校、医院被建在了远离项目途经地的其他城市，而

若开邦等深受项目影响的地区，却未得到多少实惠。再次，加强和当地非政府组织和老百姓的沟通，做好公关工作，提高缅甸国民对项目公司的认知度。与日本、韩国企业在投资所在地建设医院、道路、学校等公共福利设施不同，中资企业项目之外投资建设的设施，经常是政府办公大楼。而在缅甸，长期接受国外NGO自由民主思想洗礼的缅甸民众，对军政府统治早有不满，取悦政府不等于取悦百姓，民众认为中资企业并没有为自己带来看得见的福利，甚至给民众一种二者狼狈为奸的感觉。中国公司目前只是和缅甸政府亲近，以往主要投资方的中国国有企业和中国政府总以为缅甸军政府是缅甸主权的代表，只要与政府及下属国有公司签订了合作协议，就代表了两个主权国家国有公司合作的法律地位，是谁也不能反对、推翻或阻挠的。但事实上缅甸军政府在其国内为大多数民众和国际上大多数国家看来是不合法的，因此中国政府与其合作肯定要被地方民族利益者反对。然而，民族矛盾仍然是缅甸联邦的主要矛盾，中国企业单独与缅甸政府在管理争议未获解决的民族地区签订投资项目，就会陷入民族矛盾的冲突中，直至造成财产和人员的重大损失。针对中缅油气管道项目，中石油应该主动与克钦独立军及宗教团体、民间组织沟通联系，听取、解决他们的合理要求，重点做好移民的生活和生产安排，减少对抗和摩擦。最后，积极承担起企业的社会责任。中国在项目上不能再急于求成，要耐心细致地做好各方面的工作，制定好整体发展计划。在关注自己经营业绩的同时重视东道国经济可持续发展，尽力创造给予东道国民众接受技能学习和工作机会，提供资金、帮助兴修基础设施改变原来贫穷生活状态，是一种促进双方长远合作、实现共赢的明智之举。中资企业在缅投资项目多为资金密集型项目，所需劳动力较少，而就这些较少的劳动力，中资企业也多从国内带来，几乎不使用当地劳动力，即不为当地创造就业。而西方发达国家在缅甸实施社会公益事业先行，实现了“五户一口井”，解决了当地人喝水难问题，兴建了医院和学校等公共设施工程，此外日本向缅甸提供人力资源开发奖学金等，树立良好国际形象的行为，值得我们深思和学习。

四、结语与展望

总的来说，虽然缅甸国内基础设施薄弱，国内政治势力间关系复杂、政治矛盾尖锐，政治稳定性不足，受西方国家制裁，金融体系脆弱，但由于拥有丰富的自然和人力资源，国内发展意愿强烈，并且经济社会基本面呈现积极态势，仍然可以作为中国企业走出去的重要战略基地。

在企业向外发展过程中，由于巨大的投资风险仍然存在，企业需要对各类风险进行识别和分析，提出规避措施，正视并积极解决存在的问题，必要时也可选择短期项目以控制风险。

我国违法建筑治理中的法律问题探析

李睿哲

（中国矿业大学（北京）文法学院，北京 100083）

随着近年来我国经济的快速发展，违法建筑屡禁不绝，严重阻碍了城市规划的顺利实施，加大了城市建设成本，影响了城市建设的整体形象。另一方面，目前对违法建筑的法律治理机制并不完善，在立法、执法等方面均有待加强和完善。而且，由于在治理机制上存在诸多问题，由此所引发的矛盾和冲突时有发生，甚至导致了很多严重影响社会和谐的恶性事件。因此，违法建筑已经成为社会矛盾的焦点，探讨其法律治理途径也变得尤为紧迫。

一、违法建筑的概念

（一）违法建筑的含义

我国法律、行政法规对何为违法建筑并没有统一的规定，造成了违法建筑概念上的模糊不清，导致了实践操作中的混乱，因此，很有必要对此概念予以探究，加以澄清。在本文中，笔者认为，违法建筑是指违反《土地管理法》、《城乡规划法》等相关法律、法规，非法占用土地，未取得建设工程规划许可证、临时建设工程规划许可证，或者未按照建设工程规划许可证、临时建设工程规划许可证的规定，擅自建设的建筑物、构筑物。以具体的存在形态划分，违法建筑包括：

（1）未取得城市规划行政主管部门签发的选址意见书、建没用地规划许可证、建设工程规划许可证建设的建筑物、构筑物及其他设施——这是未经被授权机关批准，未领取行政许可，就擅自施工的违法建筑；

（2）不按建设工程规划许可证确定的建设工程位置、范围、性质、层数、标高、建筑面积和建筑造型建设的建筑物、构筑物——这是违反了行政许可内容，擅自改变施工内容，或擅自改变建筑物的规模或建筑物使用性质等等的违法建筑；

（3）未按规定期限拆除的临时建筑物、构筑物及设施——这是原来合法的临时建筑因逾期未按规定拆除而成为了违法建筑；

（4）其他违反城乡规划进行建设后形成的建筑物等。

（二）词语演变

在违法建筑词语的使用上，经历了一个由“违章建筑”到“违法建筑”演变的过程。且不说这个演变过程的实际意义有多大，单从法律的严肃性和立法的统一性上来讲，从“违章建筑”到“违法建筑”的演变就体现了法制的进步和立法技术的提高。

这个演变过程大体经历了三个阶段：

第一个阶段是《城市规划法》实施前。这一阶段，无论是从立法上还是实际工作、日常生活中，人们习惯使用违章建筑一词。从目前掌握的资料来看，该词作为法律语言最早出现在国务院于1984年1月5日颁布施行的《城市规划条例》第50条、51条中。该条例第50条第2项规定：“对违反本条例规定进行建设的，责令停止违章建设行为，吊销其建设许可证，或者责令其拆除违章的建筑物、构筑物，并可给予警告或者罚款。”第51条规定：“当事人对城市规划主管部门给予的责令退出违章占地、拆除违章建筑物和构筑物、吊销许可证和罚款的处罚决定不服，……。”城乡建设环境保护部1988年2月12日发布的《关于房屋所有权登记工作中对违章建筑处理的原则意见》也使用了“违章建筑”一词。

第二个阶段是《城市规划法》实施后到《城乡规划法》实施前。这一阶段立法上既使用违法建筑的概念，也使用违章建筑的概念；实际工作和日常生活中，人们仍然习惯使用违章建筑这一词语。1990年实施的《城市规划法》第40条首次使用违法建筑的概念：“在城市规划区内，……，严重影响城市规划的，由县级以上人民政府城市规划行政主管部门责令停止建设，限期拆除或者没收违法建筑物、构筑物或者其他设施。”而国务院1991年颁布实施、2001年修订的《城市房屋拆迁管理条例》却并没有与《城市规划法》保持一致使用违法建筑这一概念，而仍然使用的是违章建筑。该条例第22条第2款规定：“拆除违章建筑和超过批准期限的临时建筑，不予补偿；拆除未超过批准期限的临时建筑，应当给予适当补偿。”立法上的不统一，必然导致实践中的混乱。

第三个阶段是《城乡规划法》实施后到现在。2008年1月1日起施行的《城乡规划法》条文中，既未出现“违章建筑”，也未出现“违法建筑”字样，但学界和执法实务中已有人开始使用“违法建筑”一词。而国务院2011年1月21日公布施行的《国有土地上房屋征收与补偿条例》重新使用了违法建筑的概念。该条例第24条第2款规定：“市、县级人民政府做出房屋征收决定前，应当组织有关部门依法对征收范围内未经登记的建筑进行调查、认定和处理。对认定为违法建筑和超过批准期限的临时建筑的，不予补偿。”自此，执法、司法部门和学界逐步使用违法建筑的概念。

二、违法建筑治理中的法律问题

（一）违章建筑治理中立法上的问题

1、法律概念界定问题

从目前的立法现状来看，现行相关法律并未对违法建筑的概念作内涵与外延上的界定，而只是对拆除违法建筑的部门分工、执行程序等作了规定。规定了拆除违法建筑相关条款的专门立法，则都是从妨碍某一个部门管理秩序的角度对某一类违法行为作规定，对违法建筑的概念也未做明确规定。拆除违法建筑，首先要对其进行性质认定，准确的进行认定则离不开规定明确、界定清晰的概念。当前立法中对基本概念没有明确，给拆违的行政执法实践带来一定的难度。

2、违法建筑的立法规范

首先，法律条文分散，未形成统一、系统的法律制度。当前我国尚没有一部专门规范违章建筑处理的法律、法规或规章，相关法律规定分散于法律、行政法规、部门规章、地方性法规、地方性规章甚至其他规范性文件中，分散于城乡规划、土地利用、交通运输、环境资源等法律，而未在法律层面集中形成违章建筑的界定与处理规定，这是我国建立统一的违章建筑处理法律制度必须解决的问题。

对于不同内容的法律文件，其适用范围有差别，例如，《电力法》相关条文调整且仅调整与电力设施保护和电力传输使用安全有关的违法建筑问题，而不调整违反土地用途管制方面的违法建筑问题。当然，法律文件之间也存在一定的交叉，如不论是城市规划区内的违法建筑问题还是城市规划区以外农村地区的违法建筑问题，《铁路法》相关条文均适用，《城乡规划法》与《土地管理法》在因违反土地利用规划而生的违法建筑问题当中，皆有调整的空间。

3、法律法规间衔接问题

目前，强制拆除是查处违法建筑的重要执法手段，也是执法人员比较依赖的一种执法方式，因此，还未出台的《行政强制法》中对行政强制权的规范，将对查处违法建筑的执法工作带来很大的影响。根据最新《行政强制法(草案)》的规定，除法律有明确规定外，行政强制执行由行政机关申请人民法院实施，也就是说，草案将行政机关的强制执行权限定为只能由法律明确规定，否则，必须申请人民法院实施，而以前关于行政机关强制执行权的赋予，是法律、法规均可规定。《最高人民法院关于执行(行政诉讼法)若干问题的解释》第87条规定：法律、法规没有赋予行政机关强制执行权，行政机关申请人民法院强制执行的，人民法院应当依法受理。在拆除违章建筑、违法建筑方面，根据对现有法律资源的梳理，有相当数量的行政法规、地方性法规规定，行政相对人逾期不拆除违法建筑的，由行政机关强制拆除。因此，若草案通过，则原来由法规规定的由行政机关实施的行政强制执行，都不再算数，原规定面临着无上位法依据的困境。

(二)违法建筑治理中执法上的问题

1、执法权分配不合理

违法建筑处理是兼具综合性和专业性的行为，需要各部门在执法中依法履职，协调配合，因此部门之间的分工和协调非常重要。通过对现有法律资源的梳理，发现目前有权拆除违法建筑的行政主管部门众多，“拆违”由规划、房地、城管、建筑、绿化、道路交通、水务、港口、市政公用事业等十多个部门分头管理，职权有所交叉，而且在管理实践中，究竟由哪个部门根据哪部法规实施，并不清楚。

2、执法不公

由于没有详规，或虽有详规却得不到严格执行，这就给行政执法机关判定建筑物是否违反规划、是否严重影响规划留下了非常大的自由裁量空间，而对这一自由裁量权却无约束机制，于是在同一地段，对类似的建筑，对甲认定为严重影响规划，决定拆除，而对乙则认定不严重影响规划，不予拆除，此类执法不公现象，不一而足。同时由于部分行政执法机关工作效率低下，对当事人刚实施违法建设行为时不能及时制止和查处，等到当事人建筑完工后才去查处，不仅加大了查处难度，也增加了执行难度，而此时的查处又有不少是以罚代拆，这又从一定程度上滋长了当事人违法建设的气焰。

(三)法律意识方面

近年来，我们公民法制观念相比以往有了长足的进步，但是在知悉并自觉遵守法律方面，仍明显不足，法律意识薄弱是我国治理违法建筑过程中又一个重要问题。很多民众对法律制度本身已知之不详，对于法律约束力，法律的执行、实施更是知之甚少，长期以来，人们形成了这样一种社会心理，只要“生米煮成熟饭”，政府部门就不可能劳民伤财地强拆。不少人更是将“法不责众”当成了一颗定心丸。我们祖祖辈辈在这里生活，这里的土地就是我们的，以及法不责众这两种意识，都使违法建筑治理执法变得阻力重重，异常困难。

不仅违法者对于法律制度、法律的约束效力、法律的执行和实施方面缺乏正确的认识，法律意识淡薄，而且某些行政管理者对违法建筑的性质和危害也认识不足。有些行政管理部门领导在对违法建筑治理问题上，还存在地方保护主义思想，甚至错误地认为，搞好经济建设才是硬道理，抓违法建筑涉及面广，影响大，难以让群众理解和接受，搞不好还会阻碍短期经济发展、破坏社会稳定。

三、我国治理违法建筑的法律对策

(一)健全违法建筑治理的法律规则

违法建筑法律治理的前提是立法。考虑到违法建筑以及规章规定众多，执法主体牵涉面广，执法过程复杂多变，建立一个科学合理的法律体系显得刻不容缓。

立法明确违法建筑的法律界定违法建筑是我国行政执法过程中适用极为普遍的法律概念，对之缺乏关注，国家立法机关也未正式界定违法建筑，人们对什么样的建筑是违法建筑，需要一个更明确的法律。违法建筑的一个标准是以“严重影响城市规划”为判断依据，甚至会有很随意的标准。因此，在违法建筑界定法律依据上，为城市规划、城乡规划、乡村规划；在时间上，要区别不同历史；在判断类别标准上，要明确为清晰明了、界限分明的法律条文。

（二）增强法律法规的操作性和可执行性

在对违法建筑的处罚中，问题最为突出的是“拆除”措施，“拆除”是一种在法律上恢复原状，使违法建筑恢复到原有状态的方法，但在实际操作中“拆除”并非始终都是合适的。所使用的材料相对比较简单的情形或者一般的违法建筑，拆除无疑是可行的，但对于目前经常出现的大量使用钢筋混凝土结构违法建筑来讲，拆除就越来越显得不适宜了。比如，某份处罚决定要求对某钢筋混凝土结构的别墅式建筑拆除其超高的1.2米顶部，且不说这种“拆除”须有非常高的技术要求，而且作为一个整体的建筑物拆除其上部必然会对下部造成损害，那么，对于这种损害具体执行部门就有承担赔偿的风险。所以，对于那种拆除整体违法建筑中的紧密相连部分的处罚以及类似的执行问题属于“执行不能”，需要在大量违法建筑整治实践基础上改进相关法律的操作性，避免使法律条文成为空话。

（三）解决适用法律的冲突和衔接

法律本身应该是严谨的，而违法建筑整治所涉及的法律也应该是系统性的。这就涉及这个法律体系中法律之间冲突的解决和法律衔接的问题。首先要解决法律条文的冲突，地方性法规不能与上位法相抵触，不能与同位法相矛盾，这就需要地方法服从国家法，规章服从法律。譬如，在违法建筑的处理的规定中有关强拆主体、强制措施等内容与宪法有关居民居住权利、人身权利等条款不符的问题，解决办法无非三个：制订新法、修改旧法以及出台司法解释。

其次要解决法律执行上的多头授权，重复执法。违法建筑整治的执法体是一个综合执法体，它执行的是规划、建设、土地、房地等多个部门授权的部分部门法规，出现了多头授权、交叉执法的情况，这显然不符合行政学的学理。多头授权和职能交会引起部门之间的多头执法，形成执法冲突的来源，同时，违法建筑整治执法主体执法的法律不能是各职能部门法律的简单叠加和拼凑，要克服执法重复和法律盲区，这需要更加细致地梳理相关法律法规，明确执法界限，解决法律冲突，衔接法律执行。

（四）立法中追究刑责的问题

我国现行的一些法律法规，尽管规定了对违法建设行为的处罚标准，但处罚力度相当不够。对擅自改变建筑物使用性质的违法建筑，行政罚款额度为违法建设项目整体工程造价的10%~20%，这就导致相当多的违法建筑在缴纳罚款后，仍然存在非常惊人的利润空间。

我国在法律法规方面，应当加大罚款力度，使违法行为无利可图，甚至付出惨重代价，这才是杜绝违法建筑的一个重要的解决办法。而强制拆除手段，则要慎用，不得已需要使用时则必须及时、果断、周全。同时，治理违法建筑，还是要立足于教育为主，处罚应当慎行，不能作为目的，也不是结果。与此同时，在打击源头基础上，有必要建立土地违法、违法建筑领域行政执法与刑事责任追究的有效衔接制度。违法建筑领域的风险较低，较低的刑事责任追究风险和巨大的违法利益，使得一些人总是铤而走险，同时也造成了该领域内违法现象屡禁不止。解决的办法，可以是在违法建筑整治法律体系中，针对违法建筑体量大，危害严重，社会反响强烈，对抗执法的违建利益主体出台《刑事执法与行政执法相衔接办法》。

（五）提升法律意识

这几年，我国相继出台了许多法律、法规及规章等规范性文件，群众的法律意识也不断得到加强。守法的前提是学法、懂法，只有知晓利害关系后，方谈得上守法，因此，应当加大相关法律法规的宣传力度。并且，在宣传方式上就应有针对性，对不同的社会群体采用不同的办法：对普通社会群众的宣传，可以利用公交车移动电视、社区传单派发等常接触的不同传播媒介对典型案件进行剖析，提升民众法律意识；对公务人员，尤其是领导层，则通过培训等方式，使其加入学习的队伍。负有执法职能的部门及人员注重加强法律法规方面的学习，不断提高专业水平和执法能力，树立公信力和执法权威。

（六）规范政府的执法行为

违法建筑禁而不止，与有关主管部门对违法建筑不作为、处理不一致、工作衔接不到位有直接关系。有的事不关己，高高挂起，有的朝令夕改，对违法建筑的处理前后不一，有的囿于人情关系或个别人的旨意而放弃原则，还有的为了本单位、本部门的利益而不惜损害法律的尊严，也有个别工作人员徇私枉法，渎职、失职。实践中，要科学界定执法职责，依法分解执法职权，建立执法岗位责任制，要建立和完善与公众相联系的信息高速通道，切实提高行政决策的透明度，确保公众知情权，让权力在“阳光下”运行，要严格审批手续，规范操作流程，实施全面监督，注重法律效果。Ⓡ

参考文献

[1] 李军政．对违法建筑如何实施依法行政 [J]. 人民论坛，2010（03）:32.

[2] 刘武元．违法建筑在私法上的地位 [J]. 现代法学，2001.(04).

[3] 刘宗胜，乔旭升．论违章建筑侵害赔偿 [J]. 学术交流，2006 (03).

[4] 杨晓洁．违法建筑处理制度的功能研究——以徐汇区某路段为分析对象 (硕士学位论文)[D]. 上海：华东政法学院，2005.

[5] 陈昨丞．违法建筑若干法律问题分析 .http://www.civillaw.com.cn/article/default.asp?id=18151.

[6] 史以贤．违法建筑利用中的若干法律问题分析 [J]. 法制与经济，2009（12）.

[7] 杨延超．违法建筑物之私法问题研究 [J]. 现代法学，2004（09）：42.

（上接第 112 页）

[8] BS 8110-1:1997.Structural use of concrete -Part 1: Code of practice for design and construction,2007.

[9] BS EN 13670:2009.Execution of concrete structures,2010.

[10] BS 4449:2005+A2:2009.Steel for the reinforcement of concrete - Weldable reinforcing steel - Bar, coil and decoiled product - Specification,2009.

[11] BS EN 10080:2005.Steel for the reinforcement of concrete-Weldable reinforcing steel-General,2005.

[12] BS 8666:2005.Scheduling,dimensioning, bending and cutting of steel reinforcement for concrete-Specification,2008.

[13] BS EN ISO 17660-1-2006(2008).Welding-Welding of reinforcing steel - Part 1: Load-bearing welded joints,2008.

[14] BS EN ISO 17660-2-2006.Welding - Welding of reinforcing steel - Part 2: Non load-bearing welded joints,2008.

建筑农民工人权保障问题探析

张平[1] 柳颖秋[2]

（1. 北京理工大学法学院，北京；2. 北京市建筑设计研究院有限公司，北京）

一、引言

农民工的人权保障问题由来已久，农民工可以说是弱势群体的代表，他们来自农村，不能享受城里的各种福利保险等待遇；他们上学少，知识有限，因此在外打工又极易上当受骗，拖欠工资的情况屡禁不止；有的农民工甚至面临着生命健康受到损害的危险，因此有必要对农民工的人权保障进行研究与探讨，而建筑农民工相对于其他农民工来说，他们面临的人权问题更加突出，根据国家统计局、农业部、计生委、劳动与社会保障部统计，农民工就业行业主要集中在制造业和建筑业。尤其是建筑业，由于具有门槛低、就业容量大等特点，据统计，全国建筑业农民工人数已达4000万人，占农民工总数的近30%，并且随着时代的变迁，建筑领域内的农民工同时面临着更新换代，80后、90后逐渐加入了他们的队伍，因此在他们中更多的人权问题需要解决。

2004年我国把人权保障写入宪法大纲，自此我国的人权事业得到了极大地发展，但是农民工人权的保障依然没有做到位，各种侵犯农民工人权的行为仍然肆意横行。随着1948年《世界人权宣言》的发表，人权有了较明确的定义，人权即人，因而是人应当享有的基本权利和自由。对此，张文显教授也对人权做了一个比较全面的定义：一个人作为人应该享有的不可替代、不可缺乏、不可转让的具有母体性的共同权利。对于建筑农民工而言，首先他们作为一个人，应当享有一个人生而为人的基本人权，其次，因其身份的特殊性，他们的人权可能更容易遭到践踏和忽视，因此有必要对他们给予更多的保护。“在今天，无论哪一个国家都无法堂而皇之地否定人权，人权已成为神圣的概念，全世界都在提倡对人权的保障和尊重。”①

二、建筑农民工人权保障缺乏

对于建筑农民工生活与工作的艰辛曾有学者做出过比较详细的考察，例如隋晓明在其著作《中国民工调查》一书中以大量的实例系统，具体、感性地描述了北京地区农民工的生活、工作状态②。但他们大多也是从感性的层面加以描述，而没有站在人权高度对农民工权利给予详细的剖析，本文将对建筑农民工特有的人权从法律角度进行阐述。

（一）建筑农民工的人身权缺乏保障

农民工的人权主要包括基本人权、社会经济文化权、政治权利等，而对于建筑农民工而言，第一位的就是人身权的保护，包括人身自由权、人身安全权、人格尊严权。建筑农民工大多从事苦、脏、累的工作，劳动时间长、劳动强度大、劳动及生活条件相当恶劣，受工伤、职业病困扰的可能性非常大，然而在一些地方，作为使农民工免遭工伤、疾病、生育等社会风险的社

① 董云虎，刘武萍．世界人权约法总览，四川人民出版社．1991年版．第23页．

② 隋晓明．中国民工调查．北京：群言出版社．2005年版．

会保障制度要么面目全非，要么形同虚设，根本不能起到保障其基本生活的作用。[1]其次，《宪法》第四十三条规定“中华人民共和国劳动者有休息的权利”，而建筑农民工的休息权却缺乏必要的保障，建筑农民工处在的尴尬地位，不是农民也不是工人，因此他们没有城市上班族朝九晚五的工作时间，他们大都是日出而作日落而息，有些建筑工地甚至晚上都一直在加班。调查资料显示，被调查的农民工工作时间符合国家法定的8小时工作制的仅占23.10%，2005年仅为10.41%，而超过法定的8小时工作制的就达到75.85%，其中日工作时间在10小时以上者超过20%。从分行业考察来看，餐饮服务业和建筑建材业的农民工，他们中能够享受到8小时工作制的不到15%，分别占14.45%和12.92%。另一项调查显示，在建筑业中，农民工每天的工作时间大约是10 ~ 12小时。[2]从这些资料中可以看出，农民工的工作时间大大超出了法定的工作时间，这其中不乏农民工想多赚钱的情形，但是部分情况下还是由于政府部门和建筑商对《劳动法》和《劳动合同法》没有切实的遵守，唯利是图，不顾农民工的人权的践踏。

（二）建筑农民工经济报酬权缺乏保障

对于建筑农民工社会经济权保障的缺乏主要体现在两个方面。首先是建筑农民工的工资拖欠严重，据统计，2007年末建筑企业拖欠工程款3669. 53亿元，其中近10%是农民工工资，亦接近367.00亿元。平均每个农民工被拖欠近1000元。这种情况在其他领域则比较少见，究其原因与建筑行业自身的特点不无关系。第一，建筑行业由于存在着层层转包的特点，这就导致在结算工程资金时增加了用人单位克扣农民工工资危险的概率，并且在层层的转包过程中，也存在着很多的灰色交易，这使得资金流向不明，导致多角债务的形成，如果一方债务不能偿还，就有可能直接导致农民工工资不能下发。第二，从农民工自身而言，他们缺乏保护自己权益的法律常识，在遇到工资拖欠时，不能运用法律的武器进行自我保护，并且由于农民工流动性很大的特点，导致农民工与用人单位签署劳动合同的很少，从而使得用人单位不严格执行劳动法的要求，而农民工讨薪也就缺乏有力的证据，使得拖欠工资更加严重。第三，目前建筑农民工的劳动关系主要是和“包工头”建立在一起的，而包工头发不发工资很多情况下只能凭他的信誉。很多案例告诉我们，建筑农民工拿不到工资就是因为包工头携款潜逃。

其次，建筑农民工子女的受教育权受到了限制。农民工进城务工，他们的子女因为没有城市户口，因此如果在城市里上学的话，一般要花费很高的借读费等费用，这就严格地限制了农民工子女的受教育权，对他们来说这是一种歧视，这是我国固有的户籍制度造成的后果。

（三）建筑农民工社会保障权缺乏

《宪法》第四十四条规定“国家依照法律规定实行企业事业组织的职工和国家机关工作人员的退休制度。退休人员的生活受到国家和社会的保障。”从法条的规定来看，退休制度以及退休后国家提供的社会保障只限于实行企业事业单位的组织及国家机关人员，农民没有被包括在其中，更不用说建筑农民工。宪法第四十五条规定“中华人民共和国公民在年老、疾病或者丧失劳动能力的情况下，有从国家和社会获得物质帮助的权利。国家发展为公民享受这些权利所需要的社会保险、社会救济和医疗卫生事业。”这条规定对农民的社会保障权做出了原则性规定，《劳动合同法》的实施，全社会对于劳动者的劳动权益保护极为关注，执法部门对用人单位也加大了检查监督的力度，

① 张邦辉，陈燚．建筑农民工权益保障问题研究，安徽农业科学，2010年第38期，第34页．

② 谭克俭．农民工休息权利保障问题研究．中共山西省委党校学报，2008年第5期，第95-98页．

用工企业大多能遵守法律的规定，为农民工缴纳社会保险，这无疑是劳动者权益保护进程中的一种重大进步。[①]但是现实中建筑农民工社保并不是很理想，在农民工聚集的广东省，农民工退保率长期保持在95%以上；东莞市社保部门60%的工作是为农民工办理退保手续；2008年1月，苏州市也有600多万民工办理了退保。[②]以养老保险为例，2001年劳动和社会保障部的20号文件《关于完善城镇职工基本养老保险政策有关问题的通知》是退保的主要依据，该文件规定，“参加养老保险的农民合同制职工，在与企业终止或解除劳动关系后，由社会保险经办机构保留其养老保险关系，保管其个人账户并计息，凡重新就业的，应接续或转移养老保险关系；也可按照省级政府的规定，根据农民合同制职工本人申请，将其个人账户个人缴费部分一次性支付给本人，同时终止养老保险关系，凡重新就业的，应重新参加养老保险”。农民工尤其是建筑农民工的流动性很强，工作地点经常是不确定的，因此如果采用固定式的社会保险将难以发挥其应有的作用。

三、建筑农民工人权缺乏保障之原因

建筑领域农民工的权益难以得到有效的保护有多方面的原因，例如社会原因、制度原因等等，但是法律方面的原因是最关键的，因为权力与义务是法律应有的内涵，建设法治国家一切均要以法律为基准为出发点。因此要切实做到建筑领域农民工人权的保障，法律得先行。

（一）法律条文规定不明确

对于建筑领域农民工人权的保障，我国专门的法律规定甚少，大部分内容都是以其他法律条文概括包含在内，例如《劳动法》、《劳动合同法》等统一规定的对于劳动者权益的保护，但是建筑领域的农民工有其特殊性，应该有专门的、特有的法律加以规定，《建筑法》虽然是规范建筑领域法律问题的特殊法，但是条文内容中对作为建筑工人的农民工的权益却没有明确的规定，对于解决农民工问题的行政机关也没有明确地说明，第四十三条规定“建设行政主管部门负责建筑安全生产的管理，并依法接受劳动行政主管部门对建筑安全生产的指导和监督。”第五十一条规定“施工中发生事故时，建筑施工企业应当采取紧急措施减少人员伤亡和事故损失，并按照国家有关规定及时向有关部门报告。”这两个条文中出现了行政机关，但是规定仍然不清晰，导致出现问题时各行政部门容易扯皮互相推脱责任。有时甚至出现多个部门都有管理权的争执，不是没人管，是管得太多而不知道应该由谁来管。这就导致“管”的部门多，真正解决问题的部门少。还有一些政府部门处于地方保护，对于中央政府行政命令也互相踢皮球，故意拖延导致农民工的权益不能得到及时有效的保障。因此有待法律明确责任，划分职责。

（二）用工制度存在漏洞

在建筑领域最明显的用工制度就是“包工头”的普遍存在，这种现象的存在是有着深刻的社会原因的。首先，建筑领域的农民工即使农民也是工人，因此他们都来自农村，是地地道道的农民出身，因而对于城市的建筑行业的参与度几乎是零，随着市场经济的发展农民出外打工成为农民工，这个过程必然得有一个既了解城市建筑行业又能跟这些农民能打上交道的人，才能带领这些农民走出农村走进城市的建筑行业，这个人就是包工头，并且大多数情况下是同村老乡。因此从这个意义上讲，这些包工头很多时候只是一个中间人，对于这些农民工来讲没有任何雇佣领导的关系，并且由于“包工头”是一个非企业法人组织，与正规劳务

① 何静．建筑农民工劳动权益保护问题新思考．广东农业科学．2009年第10期。

② 张艳．农民工退保浪潮的背后．经济导刊，2008年第02期，第21页．

企业相比，不需要缴税，管理费用较低，在市场上承接任务的价格也相应较低，企业按照市场经济规则，自然愿意将工程分包给要价低的“包工头”。[①]其次，我国建筑行业发包、再发包、分包现象是普遍存在的，虽然我国的《建筑法》第二十八条规定“禁止承包单位将其承包的全部建筑工程转包给他人，禁止承包单位将其承包的全部建筑工程肢解以后以分包的名义分别转包给他人。”但是这种违法分包、转包的行为还是大量存在的，一层一层的合同关系的存在使得农民工的权益风险概率就越来越高，尤其当农民工工资被拖欠时，“包工头”就开始层层推脱。

（三）建筑农民工自身原因

中国农民工群体在传统的认知模式中，他们被描述为法制观念淡薄、权利意识低下，在权益受损时常常处于“失语”状态，但是随着新生代农民工慢慢地成为当下农民工的主力军，他们的权利意识比第一代农民工强，更渴望得到与城市工人同等的待遇，如平等就业权、社会保障权、教育和发展权、政治参与权等。[②]“权利意识的增强”成为新生代农民工与老一代农民工的典型差别之一。[③]但是在整个法治现代化进程中，农民工的法律意识仍然是低下的，需要提高，并且农民工的法律意识在发生着变化，他们对运用法律来维护自身权益的想法越来越普遍，因此要改变农民工权益保障难的问题，增强他们的法律意识势在必行。对于建筑业农民工来说，参与建筑行业主要是为了挣钱，如果让自己付出不小的成本进行培训，从思想观念上来讲，不容易得到较快转变。于是重复此项艰苦的劳动成了建筑业农民工有意无意的必然选择。我国的社会主义人权观提出“生存权和发展权是人权的首要人权”，作为共和国的公民，建筑业农民工发展的权利并没有得到政府或者企业的足够重视，甚至农民工自己都没有足够的重视，保障农民工人权还要从农民工自身出发。

四、加强建筑农民工人权保障之建议

（一）增补保护建筑农民工人权的法律条文

我国《建筑法》对建筑领域的工作人员的权益保障规定很少，并且责任划分也不明确，对于建筑农民工的人权保障就更提不到，虽然《劳动法》与《劳动合同法》对农民工用工制度做出了相应的规定，并且《劳动合同法》在对农民工的工资，劳动合同的签订和劳动安全等方面做出了规定，但是不能细化，例如对于经济性裁员、解除合同的补偿金、社会保障水平、休息休假等方面的规定都缺乏可操作性，对违规企业的制裁力度尚显不足。目前建筑农民工与建筑商签合同的很少，一般都是“包工头”与建筑商签订合同，然而这就导致实际工作者与合同签订者不一致，从而可能发生权利义务承担发生错位。其次，对于建筑农民工的社会保障也没有明确的法律给予规定，对于建筑农民工的身份定位没有明确，甚至一些地方政府有限制农民工权利的一些歧视性政策文件，因此对于建筑农民工的人权保护应该先从完善法律法规开始，在建筑领域的法律法规中增补专门保护建筑农民工人权的条文，做到有法可依。

（二）建立工资支付保障制度弥补用工制度漏洞

建筑农民工工资拖欠问题是人权保障的主要问题之一，他们付出了劳动，却没有得到应得的工资报酬，这严重地侵犯了农民工的经济

①陆龙坤. 房地产开发程序及其存在问题研究. 重庆：重庆大学，2003

②何瑞鑫，傅慧芳. 新生代农民工的价值观变迁. 中国青年研究，2006年第4期，第9-12页

③许叶萍，石秀印. 新生代农民工的价值追求及与老一代农民工的比较. 思想政治工作研究，2010年第3期，第11- 13页

权。这些工资是他们家庭开销的主要来源，甚至是救命稻草。但是黑心的建筑开发商或者“包工头”却克扣他们的工资，许多农民工在讨要工资时有时甚至遭到殴打，一些农民工甚至有自杀行为。可见建筑农民工的工资支付需要从法律的角度加以规范与保护。建筑农民工工资支付保障制度的建立可以有效地缓解农民工被拖欠工资的难题。江苏省常州市出台了《建设领域农民工工资保证金管理办法》，建立了农民工工资保证金制度，为解决企业无力按时支付或恶意拖欠农民工工资问题提供了新的途径。一旦企业发生欠薪问题，政府就可以动用保证金给农民工发放工资，使农民工工资有了保底钱。[①]对于建筑农民工的工资支付保障制度，常州市可以说是一个前卫的尝试，从规定来看这可以很大程度上保障农民工的工资的大支付，但是这个保证金的来源是一个问题，是由政府支出，还是企业赞助？因此还有一项措施可以辅助保证金制度，就是企业黑名单制度，对那些克扣农民工工资的企业或者开发商将他们列入黑名单，并给予罚款，这些罚款就作为保证金来源。当然资金的来源还可以是开发商不符合规定的用工制度或者管理措施等的罚款。农民工的工资的拖欠跟“包工头”也有很大的关系，因此对于“包工头”制度有待改善，最重要的一项就是，包工头应该在建筑施工地有登记备案，并且写明哪些农民工是由他带领，明确他们之间的劳资关系，以防包工头拿钱走人，侵犯建筑农工的人权。

（三）加强建筑农民工的法律培训

建筑农民工的人权经常受到侵犯，跟他们缺乏法律意识，不知道用法律的武器保护自己有很大的关系，因此对他们进行简单的法律培训很有必要。这个工作可以从两个方面进行。首先，建筑工地或者企业应该在开工之前对这些农民工进行一个简单的实用的法律培训和教育，让他们心中产生对法律的信任和需要。在以后遇到自己的人权受到侵犯时能够想到用法律的手段进行解决，而非动之以武。其次，农民工个人毕竟势单力薄，因此有必要成立专门保护农民工权益的自己的组织。一方面，目前的农民维权组织主要有农民协会、法律学习小组、移民协会、打工者协会、上访协会等。而这些组织却处于尴尬的行政相对人地位，无法承担起切实维护农民工权益的重大任务。他们大多是一个行政中介，因此无法真正起到对农民工权益进行保护的作用。另一方面，工会也已把吸收农民工入会作为己任。但是，不少学者指出“工会组织的行政化以及工会干部的官员化”导致工会维权职能弱化，维权乏力。[②]廖文通过对湖南省长沙市农民工的调查研究发现，农民工对现有工会系统的信任度并不很高，绝大部分希望有农民工自组织，并且认为拥有自组织才能切实保障自己的权益。[③]因此一个维护建筑农民工的人权的组织应该是脱离政府干预的、真正来自建筑农民工群体内的人员组成的非政府组织，这样的组织才能有认同感，有自发性、非营利性。对于建筑农民工人权的保障才能够起到积极的作用。“现代社会的公共管理应该是整合政府与非政府公共组织。实现小政府大社会的格局，大力发展非政府组织，亦即第三部门，应发动社会力量参与公共服务，有效地实现社会自治。同理，只有适应市场经济发展规律，构建农民工组织体系，才能真正意义上保障农民工共享社会发展成果”。

① 陈开冬．用制度解决拖欠农民工工资问题．中国财政．2008 年第 18 期，第 80 页

② 陈剩勇．组织化、自主治理与民主．北京：中国社会科学出版社，2004 年版

③ 廖文．农民工组织建设问题初探．长沙民政职业技术学院学报．2008 年第 6 期，第 22-23 页

④ 周庆行．公共行政导论．重庆：重庆大学出版社，2004 年版

2013年国际工程承包市场和中国企业竞争力分析

——2013年国际工程承包商250强业绩评述

李丹丹

（对外经济贸易大学国际经济贸易学院，北京 100029）

摘　要：美国麦格劳·希尔建筑信息公司（McGraw-Hill）的杂志“工程新闻纪要”Engineering News-Record（以下简称“ENR”），创刊已经135年了，在国际工程界中享有很高的权威性，读者群遍及100多个国家和地区。该杂志历年发布的全球最大国际承包商排名，是全球业界公认的权威排名，充分反映了全球承包市场的现状和发展趋势。2013年8月19日发布的2013年的榜单，将全球最大国际承包商名录的企业数量由225家调整为250家。榜单数据展现了12年全球承包市场的发展新特点，同时我国内地今年共有55家企业榜上有名，也反映了我国国际承包商在国际承包市场的发展状况和竞争力的变化。

关键词：ENR250强；国际承包市场；中国企业竞争力分析

一、总体发展状况：营业额保持持续增长，大企业国际市场竞争力加强

ENR公布的2013年全球最大国际承包商榜单的数据显示，排名前250名的国际承包商2012年在海外市场共实现承包收入5110.5亿美元，前225强在海外市场实现收入5074.5亿美元。比较2011年前225强4530.2亿美元的海外市场收入，承包收入同比增长达到12.0%。这延续了2011年较2010年增长18.1%的增长趋势，可见国际承包海外市场营业额保持了持续的增长，市场发展呈现升温趋势。

2013年榜单前50名的国际承包商2012年实现的海外市场收入3887.03亿美元，占总体的76.06%，对比2011年的73.9%和2010年的71.8%，说明前50名强的国际承包商实现的海外收入占全榜单企业总体海外收入的比重逐年上升。再看国际承包商前10强2012年的海外市场收入合计2046.8亿美元，占250强海外市场总收入的40.1%，排在后10位的承包商海外市场收入合计12.2亿美元，仅占250强海外市场总收入的0.24%。这些数据充分体现了国际承包市场中规模经济的重要性，同时更表现了国际承包市场中大企业市场竞争力加强的趋势。

2013 年度 ENR 国际承包商 250 强海外收入区域市场分布

表 1

国家或地区市场	收入（亿美元）	所占比重（%）
亚太	1388.1	27.2
欧洲	1022.6	20
中东	913.2	17.9
拉丁美洲地区	472.2	9.2
美国	441.1	8.6
南非 / 中非	344.9	6.7
加拿大	274.9	5.4
北非	223.7	4.4
加勒比地区	28	0.5

资料来源：据 2013 年 ENR250 强企业名单按地区编制

二、区域市场状况：亚太地区保龙头地位，欧洲市场继续低迷，北美地区复苏迅速，拉美中东地区稳定增长，非洲市场前景乐观

继 2011 年亚太地区营业额首次超越欧洲地区，位列第一。2013 年榜单中，国际承包商 250 强在亚太市场实现海外承包收入为 1388.1 亿美元，占海外市场总收入的 27.2%（表 1），继续保持超越欧洲地区市场的状态，保住了龙头地位，并创造了历史新高。资料显示，2012 年全球建筑业投资同比增长 4%，亚太地区同比增长 7.1%，为全球各区域之最。亚太地区的建筑业投资占据全球建筑业投资总量的 40%，堪称全球建筑业增长的引擎，也因此成为全球承包商最青睐的地区。

全球最大 250 家国际承包商在欧洲市场的营业收入 2012 年仅仅增长了 0.8%，反映了欧洲市场继续低迷的状态。2008 年的全球金融危机对欧洲市场的打击巨大，经过几年的恢复，欧洲仍然没有从危机中彻底走出来，加上 2011 年欧债危机的全面爆发，导致很多欧洲国家的项目受到冲击，此前经济刺激计划催生的建设项目纷纷提前终止或被叫停，政府转而实施紧缩的计划来缓解债务压力，欧盟建设资金和各国投资预算均不断压缩，许多欧洲的工程项目受到影响而停滞。统计数据显示，2012 年除北欧地区和德国、法国等少数国别之外，欧洲的建筑业市场还是持续低迷。据统计，2012 年欧洲地区建筑业投资同比下滑 5.3%，重新跌入谷底。对于这样的一个市场状况，承包商对欧洲市场持观望甚至悲观态度，显然这导致欧洲市场持续低迷的业绩。

国际承包商 250 强 2012 年在北美的海外营业收入达到 716 亿美元，同比增长 25.8%，位居各区域之首，并超过金融危机前 2008 年增长的最高水平。随着美国经济的温和复苏，美国的建筑业取得了较快增长，尤其是住宅建筑领域，同比增长了 14%。作为世界第二大建筑市场，美国市场的强劲复苏意味着新机会的来临。同时由于加拿大建筑市场近几年也呈现繁荣景象，全球最大 250 家国际承包商在加拿大的海外营业收入一路攀升，2012 年达到 275 亿美元，占比达到 5.4%，均创近年历史新高。美国市场的复苏和加拿大市场的持续发展，是北美营业额增长的主要原因。

2012 年，全球 250 家大型国际承包商在拉美地区的海外营业收入增长了 20.8%，仅次于亚太地区和北美地区。来自全世界对资源和能源的需求促进了拉美地区的经济发展，并进而带动基础设施的投资。此外，这些地区经济多元化的战略也为全球承包商持续地提供了大

量的业务机会，拉美地区堪称发展最为稳定的区域。中东地区则正从2009年和2010年的最低谷逐步回升，2012年，全球250家大型国际承包商在中东地区的海外营业收入增长率达到9.9%，较上年有所下降，但仍保持着稳定的增长势头。

2012年全球最大250承包商在北非地区的海外营业收入223.7亿美元，相对于2011年全球225家大型国际承包商在北非地区的海外营业收入有所好转，但仍然不能挽回颓势，同比下降10%。相比北非而言，受大宗商品出口的拉动，撒哈拉以南非洲地区经济以较快的速度增长，投资吸引力正与日俱增，但是由于该地区大多数国家的财力比较有限，资金短缺问题限制了工程承包市场的繁荣。2012年，全球250家大型国际承包商在撒哈拉以南地区的营业收入同比只实现了3%的小幅增长。但是从长期来看，国际承包商比较看好非洲地区。

三、行业状况：交通运输、石油化工及房屋建筑仍为主导行业，高科技领域成新宠儿

从行业状况上看，尽管榜单中新增了25家企业，但由于新增的这些承包商海外市场收入总和占比较小，因此，国际承包商250强的主要业务领域分布排序上并未产生大的波动。如表2显示，国际承包商250强的主要业务领域仍然集中在交通运输、石油化工及房屋建筑三大传统主导行业。三类项目合计占比69.2%，较2011年的69.9%，同比下降了1.01%，延续了2011年较2010年同比下降3.4%的趋势。这种下降趋势的主要原因是交通运输业务领域收入减少，2012年比2011年占比下降4.69%，对比2011年较2010年下降1.6%的幅度，交通运输领域收入占比可以说是呈现大幅的下降，而石油化工和房屋建设业务领域收入2012年都有小幅度的提升。交通运输领域收入占比连续两年的下降趋势，可以看做是正常的波动，也可视为这一传统主导行业逐渐让步于新兴行业的预兆。但是三大传统主导行业在国际承包商海外收入的绝对占比优势目前是不可动摇的。

除了三大传统的业务领域，其他的业务领域收入合计占比30.8%，是国际承包市场业务不可或缺的重要部分，而且近年的数据显示这些非传统业务领域呈现了新特点。2013年的榜单数据显示工业、电信、有害废物处理等三

2013年度ENR国际承包商250强业务领域分布 表2

业务领域	2012年收入（亿美元）	所占比重（%）	2012年较2011年比重增减	2011年较2010年比重增减
交通运输	1307.1	25.6	–4.69%	–1.60%
石油化工	1197.7	23.4	1.71%	–0.30%
房屋建筑	1032.6	20.2	0.50%	–1.50%
电力	519	10.2	–1.96%	0.30%
工业	421.2	8.2	20.73%	1.00%
水利	154.1	3	–13.33%	0.20%
制造业	79.5	1.6	0.00%	–0.10%
排水 / 废弃物	71.7	1.4	7.14%	0.10%
电信	57.6	1.1	–18.18%	0.50%
有害废物处理	20.8	0.4	50.00%	0.00%
其他	249.1	4.9	–10.20%	1.30%

资料来源：据2013年ENR250强企业名单按行业编制

2013 年度 ENR 全球承包商前 10 强　　表 3

排名		公司名称	海外收入（百万美元）
2013	2012		
1	2	Grupo ACS　西班牙 ACS 集团	42,772.00
2	1	HOCHTIEF AG　德国霍克蒂夫公司	34,563.30
3	5	Bechtel　美国柏克德集团公司	23,255.00
4	3	VINCI　法国万喜公司	18,419.50
5	7	Fluor Corp.　美国福陆公司	17,209.60
6	4	STRABAG SE　奥地利斯特伯格公司	16,062.00
7	8	BOUYGUE　法国布依格公司	14,196.00
8	6	Saipem　意大利萨伊伯姆公司	13,770.70
9	9	Skanska AB　瑞典斯堪斯卡公司	13,291.60
10	10	中国交通建设股份有限公司	11,187.20

资料来源：2013 年 ENR250 强企业名单

个部门的变动较大。工业 2012 年收入占比较 2011 年同比增长 20.73%，而电信部门则减少了 18.18%，这表明国际承包市场在基础设施领域的方向发生了改变。值得注意的是，有害废物处理领域 2012 年的收入较 2011 年出现了 50% 的增幅，这一急剧的增长很好地反映了当前“绿色世界”的环保观念和高科技在信息时代的不可替代的重要地位，也可以预见有害废物处理等高新技术领域将慢慢成为国际承包商业务拓展的新宠儿。

四、全球前十强：ACS 集团荣登榜首，欧洲企业仍居主导地位，中交稳居第 10 位

如表 3 显示，2013 年度国际承包商 250 强榜首的位置发生了变化，西班牙 ACS 集团（GRUPO ACS）因 2011 年收购了德国最大的承包商霍克蒂夫，继而在 2012 年 ENR225 强中异军突起夺得第 2 名之后，本年度荣登榜首，2012 年其海外市场收入为 427.7 亿美元，占 250 强海外市场总收入的 8.37%，实力强劲，这也预示着国际承包市场上并购、重组将在未来的一段时间持续活跃，大的集团优势将会更加明显。而近 8 年来一直稳居冠军位置的常胜军德国霍克蒂夫公司（HOCHTIEF AG）屈居第 2 位，2012 年海外市场收入 345.6 亿美元，虽也实现了较自身上一年 8.44% 的增长，但从海外收入水平而言显著逊于 ACS 集团。

综观 2013 年度的前 10 强，没有新的承包商出现，只是前 10 名强内部的细微调整，没有大的波动，这反映了国际承包市场中领头承包商之间力量对比的稳定格局和市场稳步发展的现状。

从前 10 强分布的地域来看，欧洲企业仍然是居于主导地位，囊括了前 10 强的 7 家企业。而西班牙的 ASC 集团首次登上龙头位置，标志着西班牙在国际承包市中成为新的领军国家。

继 2011 年首次登上 ENR225 前 10 强榜单后，“中国交通建设股份有限公司”本年度仍稳居榜单的第 10 位，这不仅标志着我国国际工程企业海外竞争力和影响力的提高，也反映了我国国际工程企业在海外市场的稳步发展。

五、中国企业总体状况：我国企业海外市场业绩保持增长，但整体竞争力有待提高，“走出去”仍任重道远

我国 55 家内地企业入选本届榜单，共完成海外工程营业额 671.75 亿美元，其中共有 52 家企业排名列在前 225 名，共完成海外工程营

业额666.9亿美元。

从2013年榜单数据可以总结出我国企业在国际承包市场的几个显著特点：

（一）我国企业海外业绩保持增长，平均营业额涨幅加大

我国55家内地企业入选本届榜单，共完成海外工程营业额671.75亿美元，平均营业额为12.21亿美元。其中共有52家企业排名在前225名，共完成海外工程营业额666.9亿美元，虽然与去年进入前225强的企业数量一样，但比去年的627.08亿美元增加了6.35%。前52家企业平均营业额达到12.83亿美元，相比上年平均营业额的12.06亿美元增长了6.38%，对比2011年较2010年5.88%的涨幅，平均营业额的涨幅加大，说明我国企业整体实力的提高。

（二）我国企业整体排名有所提高，部分企业业务增长迅速

如表4所示，榜单中我国企业中有26家企业排名比上届有所提升，1家企业排名与去年持平，18家企业排名下降，10家企业首次入选或重回榜单。中国交通建设股份有限公司连续6年排名中国企业首位，去年和今年都名列榜单第10位；云南建工集团有限公司今年排名第169位，比去年（208位）提高了39位，名次提升最快；中钢设备有限公司（第185位）、中国石油天然气管道局（第98位）名次分别提升了34位和25位。这些数据表明我国企业整体排名有所提高，部分企业业务增长迅速，对于我国企业未来在国际承包商市场上占据更多份额打下了基础。

（三）我国承包商海外业绩出现增长瓶颈，形势不容乐观

如表5所示，我国企业入选前225强的数量一直较为稳定，且前100强的数量还呈现缓慢增长状态。我国承包企业在海外的业绩曾一路高歌，并在2010年达到历史高峰，占全球海外市场份额达到14.9%，超越美国承包商而位居世界第一。但此后，中国承包商遭遇增长瓶颈，市场份额在2011年下降到13.8%，2012年又进一步下降为13.1%，跌落至世界第三。2012年我国内地虽仍有55家企业进入250强榜单，绝对数量上仍然是最多的，但全部海外营业收入同比增长仅6.35%，远低于全球12%的平均增长率。

2013年度ENR国际承包商250强中国入围企业排名　　表4

序号	公司名称	2013年排名	2012年排名	海外市场收入（百万美元）
1	中国交通建设股份有限公司	10	10	11187.2
2	中国水利水电建设股份有限公司	20	23	5473.1
3	中国建筑工程总公司	24	22	4987.8
4	中国机械工业集团公司	25	24	4947.7
5	中国中铁股份有限公司	34	39	3799.6
6	中信建设有限责任公司	43	46	2635.8
7	中国冶金科工集团有限公司	51	42	2295.7
8	中国铁建股份有限公司	53	30	2147
9	山东电力建设第三工程公司	54	53	2098.9
10	中国葛洲坝集团股份有限公司	56	62	2009.3
11	山东电力基本建设总公司	61	64	1879.6
12	中国土木工程集团有限公司	71	91	1411.1
13	上海电气集团股份有限公司	72	67	1406.7

续表

序号	公司名称	2013年排名	2012年排名	海外市场收入（百万美元）
14	中国通用技术（集团）控股有限责任公司	81	89	1208.3
15	中国化学工程集团公司	82	77	1193.5
16	中国石油工程建设公司	84	48	1165.6
17	中国水利电力对外公司	86	92	1083.6
18	中地海外建设集团有限公司	89	93	1016.8
19	中国石化工程建设有限公司	91	114	958.6
20	东方电气股份有限公司	92	83	926.3
21	青建集团股份公司	95	104	880
22	上海建工集团	96	86	870.4
23	中国石油天然气管道局	98	123	811.9
24	中国地质工程集团公司	110	127	665.6
25	中原石油工程有限公司	116	**	630.4
26	中国江苏国际经济技术合作公司	122	117	556
27	北京建工集团有限责任公司	133	146	486.4
28	中国大连国际经济技术合作集团有限公司	137	131	469.8
29	新疆兵团建设工程（集团）有限责任公司	138	**	458.1
30	中国河南国际合作集团有限公司	147	151	419.1
31	大庆油田建设集团有限责任公司	149	**	413
32	安徽建工集团有限公司	151	171	407.2
33	泛华建设集团有限公司	152	166	399.2
34	中国石油集团工程设计有限责任公司	155	**	394.2
35	中国江西国际经济技术合作公司	157	159	392.3
36	中国中原对外工程有限公司	161	155	377.7
37	中铝国际工程股份有限公司	162	**	377.6
38	江西中煤建设集团有限公司	164	184	367.7
39	云南建工集团有限公司	169	208	350.7
40	中国武夷实业股份有限公司	172	164	334.1
41	中鼎国际工程有限责任公司	183	**	275.4
42	中钢设备有限公司	185	219	271.3
43	中国寰球工程公司	186	169	264.5
44	南通建工集团股份有限公司	195	209	247.9
45	江苏南通三建集团有限公司	197	205	244.2
46	江苏中信建设集团有限公司	199	**	240.3
47	浙江省建设投资集团有限公司	205	195	233.5
48	威海国际经济技术合作股份有限公司	209	225	222.8
49	江苏南通六建建设集团有限公司	211	215	215.2
50	烟建集团国际公司	216	**	199.7

续表

序号	公司名称	2013 年排名	2012 年排名	海外市场收入（百万美元）
51	中国石油天然气管道工程有限公司	220	203	193.2
52	中石化胜利石油管理局	221	**	188.3
53	重庆对外建设（集团）有限公司	227	**	169.7
54	中国沈阳国际经济技术合作有限公司	230	**	160.3
55	中国成套设备进出口（集团）总公司	235	**	154.5

注：** 表示未进入 2012 年度 225 强排行榜

资料来源：商务部数据统计

2007 年 ~2012 年中国入围 ENR 国际承包商 225 强企业数据变动情况 表 5

年份	企业数量		国际营业额 （亿美元）	比重（%）
	225 强	100 强		
2012	52	23	666.9	13.1
2011	52	22	627.08	13.84
2010	51	20	570.62	14.9
2009	54	17	505.91	13.18
2008	50	17	356.3	9.14
2007	51	13	226.78	7.3

资料来源：据 2013 年 ENR250 强企业名单编制

这些数据都表明我国承包商的低成本优势已日渐削弱，我国承包商海外业绩出现增长瓶颈。

从业务分布角度来看，2012 年，我国承包商份额下降的主要原因是在亚洲和中东的市场份额明显回落，开发美国、欧洲等发达国家市场又很难取得大的进展。

（四）我国企业非洲市场竞争优势巩固，拉美地区增长明显，亚洲、中东份额回落

2013 年榜单数据显示，中国承包商在非洲地区仍处于绝对优势地位，中国内地入选 55 家承包商在非洲地区的份额达到 44.8% 的新高，在非洲地区的前 10 大承包商排名中，我国共有 6 家承包商在列，这 6 家企业分别是保持亚军位置的中国交通建设股份有限公司、排名再次上升 1 位居第 3 位的中国水利水电建设股份有限公司、排名升 1 位至第 5 位的中国中铁股份有限公司、由第 10 位升至第 6 位的中信建设有限责任公司、排名进至第 7 位的中国建筑工程总公司和新晋榜第 10 位的中国机械工业集团公司。这充分说明中国企业在非洲地区具有很强的竞争力，且竞争优势得到巩固。

2013 年度的突破来自于拉美地区市场份额 10 强，中国机械工业集团公司进入该地区 10 强榜单位列第 9 位。我国承包商份额在亚洲和中东的市场份额明显回落。而欧洲、北美市场相对仍是中国内地企业竞争力较弱的区域性市场，尚未实现 10 强零的突破。

（五）我国承包商“走出去”仍任重道远，要善于抓住机遇实现转型

全球最大 250 家国际承包商 2012 年平均完成海外营业额为 20.44 亿美元，比中国入选企业平均海外营业额（12.21 亿美元）高约 67.37%，欧洲、北美洲等承包工程高端市场长期被欧美企业所占据。虽然我国承包工程企业在“走出去”的过程已经积累了一定的经验，拥有较丰富的国际工程管理经验，但是我们必须承认的是我国承包商与国际领先承包商之间的巨大差距，在海外市场拓展中仍然存在许多局限和困难，且随着业务规模的扩大和项目复杂程度的增加对企业的管理能力也提出了更高要求，我国承包商"走出去"仍然任重而道远。

扩大我国在国际承包市场份额的关键还是在于提升我国承包商的整体竞争力，更好地实施"走出去"战略。我国对外承包工程企业在不断探索国际化发展道路的过程中，不仅要学习借鉴发达国家先进企业的管理经验，同时也要学习国际大承包商利用信息化手段来提升项目管理水平，以满足国际工程项目管理专业化、信息化、标准化和流程化的要求。在对外投资合作过程中要全面考虑不同文化的影响，谨慎对待部分国家对外项目的要求和审核，为我国承包商海外市场的扩大铺平道路，更好地"走出去"。

据世界银行统计，2012年全球GDP增长2.3%，低于2011年的2.7%，更明显低于2010年的4.1%。金融危机过后，全球经济至今还没有走出低谷，不利的经济形势让全球的承包商面临严峻的挑战，这也为我国承包商扩展海外市场增加了障碍。但历史经验表明，经济最困难的时候，往往也是创新最密集、变革最活跃的孕育期。经济的振荡引发了众多行业的重新洗牌，国际工程建设也不例外，这也给了中国工程承包商一个战略转型、缩小与欧美差距的历史机会。我国承包商要把握好经济变动中的新机遇，不失时机地加快"走出去"的步伐，稳妥应对各种风险和挑战，实现海外市场的新发展。

参考文献：

[1] 付勇生．在激烈的竞争中不断升华——评2013年度全球最大250家国际承包商排名．国际工程与劳务．2013（09）．

[2] 赵丹婷．2012年国际工程承包市场和中国企业竞争力分析．建造师．2012年11月第1版．

[3] 田晓，戴晓云．中国工程企业承包国际工程存在的困难及对策分析．改革与战略．2012(08).

[4] 汪红蕾．2012年ENR全球最大225家国际承包商榜单出炉——中国建筑企业比肩国际一流尚须努力．建筑．2012（19）．

[5] 张宇．解读2012年度ENR国际承包商225强．工程管理学报．2012（05）．

[6] 中国对外承包工程商会．我国55家内地企业选2013年度ENR全球最大250家国际承包商名录[OL]. http://www.chinairn.com/print/3195064.html.2013-09-13.

（上接第117页）

[7] BS EN 1992-1-1:2004.Eurocode 2: Design of concrete structures-Part 1.1: General rules and rules for buildings,2008.

[8] BS 8110-1:1997.Structural use of concrete -Part 1: Code of practice for design and construction,2007.

[9] BS EN 13670:2009.Execution of concrete structures,2010.

[10] BS 4449:2005+A2:2009.Steel for the reinforcement of concrete - Weldable reinforcing steel - Bar, coil and decoiled product - Specification,2009.

[11] BS EN 10080:2005.Steel for the reinforcement of concrete - Weldable reinforcing steel – General,2005.

[12] BS 8666:2005.Scheduling,dimensioning, bending and cutting of steel reinforcement for concrete – Specification,2008.

[13] BS EN ISO 17660-1-2006(2008).Welding - Welding of reinforcing steel - Part 1: Load-bearing welded joints,2008.

[14] BS EN ISO 17660-2-2006.Welding - Welding of reinforcing steel - Part 2: Non load-bearing welded joints,2008.

日本建设业现状及其企业经营分析

刁榴[1] 张青松[2]

（1. 北京工业大学外国语学院，北京；2. 中国社会科学院国际合作局，北京）

建设业是日本国民经济的支柱产业之一，在经济高速发展期建设了新干线、高速公路、特大桥梁等大量代表日本经济发展的标志性基础设施与生活设施，有力推动了日本经济的发展。虽然经历了泡沫崩溃后的经济低迷，产值较高峰期大为下降，但仍贡献了接近6%的GDP份额和8%的就业率，极大地支撑了的日本经济。特别是日本建设市场经历了波折起伏后，大量百年企业、甚至千年建筑企业存续至今，引起了各界对日本建筑业的关注。

一、转折期的日本建设业——日本经济的缩影

日本建设业肩负着完善国民生活社会资本的使命。从战后复兴期到高速经济增长期，建设业提供了大量基础设施，促进了地方经济的发展，极大提高了居民的生活水平，特别是在日本产业结构转型后吸纳了农林业、矿产业等大量失业人口，可以说抛开建设业，就无从谈起战后日本经济的发展。

1970年代，日本建设业的总产值曾占日本经济的14%。泡沫经济崩溃后日本经历了“逝去的20年”，日本建设业逐渐陷入低迷，2001年和2009年的产值分别为35.5万亿日元（GDP占比7.1%）、29.2万亿日元（GDP占比6.2%）。2011年日本建设业实现产值26.4万亿日元，约占日本GDP的5.6%（不包括不动产业，不动产业为56.7万亿日元，约占12%），此外建设业吸纳就业人口达503万人，占总就业人口的8%。在经济低迷期，建设业支柱产业的地位在缺乏产业的地方省份更加凸显，日本很多地区就业机会局限于政府公共部门、农业和建设业以及部分服务行业，建设业通过在当地实施公共建设项目，贡献了地方就业的大半份额。此外，建设业还在地区防灾等领域的活动中发挥了重要作用。

实践证明，建设业是投资拉动型的周期性行业，建筑业产值与经济呈显著的正相关关系。正因如此，日本建设业也受到日本经济景气波动的影响。20世纪90年代以来，日本建设投资占国内总支出的比重以及投资额呈双下降趋势。建设投资占国内总支出比重在1980年曾最高占到19.9%，2000年逐渐下降至13%，21世纪以后占比降速放缓，2010年降至8.7%。建设投资额自20世纪90年代后期也呈减少趋势，近年受到金融危机影响投资额骤减，2010年度降至41.9万亿日元的低点，较1992年84万亿日元减少了一半。2011年以后出于灾后建设等需求，日本建设投资总额有所增加。根据日本内阁府《国民经济计算》，2012年日本建设投资共计44.9万亿日元（其中民间非住宅建设投资12.1万亿日元、民间住宅建设投资14万亿日元、政府建设投资18.8万亿日元），占国内总支出的比重为9.5%。安倍政权上台后，祭出安倍三大经济政策，出于对第二大经济政策——财政政策的期待以及出于2014年消费税提高预期，居

民住宅投资意愿增强，2013年日本建设市场日趋活跃，2013年预计增长50万亿（其中政府和民间分别为22万亿和28万亿日元）。

通过上述分析我们看到，在20世纪90年代泡沫经济崩溃后，建设业所处环境发生了巨大变化。随着日本经济低迷景气恶化，不急不需的建设项目受到抑制，加之在“只有进行结构性改革才能恢复景气”这种氛围下，政府公共事业投资也遭到削减。此外，经过战后数十年发展，日本社会基础设施已相当完善，已不存在基础设施不足问题，整个社会从那种“先建设起来再说”转向“按需进行建设”。因此，日本建设投资减少不仅仅是景气的原因，更在于整个社会理念发生了变化。日本建设业与日本经济正处于重大转型时期。

二、日本建设市场的现状及特点

（一）当前日本建设市场呈现出“民间投资主要是建筑项目、政府投资主要是土木工程建设项目”的特点

根据国土交通省《建设投资展望》，2012年日本建设市场中建筑类项目占52.2%、土木工程类项目占47.8%。其中，民间投资项目占58%（其中民间住宅31.2%、民间非住宅建筑15.8%、民间土木工程建设11.0%），政府投资项目为42%（政府住宅项目0.9%、政府非住宅建设4.3%，政府土木工程建设36.8%）。

（二）日本建设市场地区分布不均衡

从地区构成比来看，以东京横滨为核心的关东地区占据了全国市场3成以上的份额。1990年代该地区受到泡沫崩溃影响，市场份额由37%大幅下降至1999年的32.2%，进入21世纪转为增加，2012年前后恢复至34%，居全国首位。主要原因是高度依赖于政府公共投资的地方区域，受到近年来日本政府控制公共事业投资的影响导致份额下降，而东京等大城市地带的民间投资相对坚挺。但2011年日本东北地区灾后复兴而进行集中投资建设，东北地区的投资比重呈扩大趋势，由2010年的7.6%增至2012年度的11.9%。

（三）日本建设市场的另一个特点就是“新建项目减少、修缮项目增加”

根据国土交通省《建筑工程施工统计》，由于市场需求减弱，新建设项目不断减少，由1992年的73.3万亿日元降低至2011年度32.7万亿日元。从开工面积角度看，日本建筑施工面积随着2007年度《新建筑标准法》的实施大幅减少，2008年受到景气恶化的影响，2009年度再度大幅下降至113百万平方米（住宅63.4%、非住宅36.6%），不足1996年高峰期258百万平方米（其中住宅65%、非住宅35%）的一半。尽管2010年度后连续三年增长，但仍未恢复到2008年的水平，2012年为135百万平方米（住宅61.6%、非住宅38.4%）。而对存量建设项目的维护修缮市场，[①]则稳步维持在13万亿日元左右，2011年度维护修缮工程总额为13.8万亿日元，所占建设市场份额从20世纪90年代后期呈上升趋势，由1991年的14.2%增至2011年的29.8%。

三、日本建设企业的经营现状与特点

日本建设企业进入相应的建筑领域（共计建筑、土木工程、木工、电气等28个业种）需要获得不同的许可，同时跨省份经营更需要获得建筑行业主管部门——国土交通省的许可。从开发商处获得项目并将工程分包的“特定建设业”[②]要比其他“普通建设业”的准入条件更为严苛。日本建设企业数量在1999年度达到

① 指的是对既有建筑的改建、增建以及维护等。

② 分包金额在3000万日元以上。

60.1万家的峰值后逐年递减，2012年度为47万家，较2011年减少2.8%。

(一)日本建设企业形成了金字塔形体系

位于塔端的是鹿岛建设、大成建设、清水建设、大林组和竹中工务店等超级建设企业，其下是三井住友建设、西松建设等大型企业以及众多的中型企业和小企业。根据国土交通省《建设业许可业者数调查》，2012年度资本金在10亿日元以上的超级企业为1366家，占0.3%；1～10亿日元的大型企业为4233家，占0.9%；5000万～1亿日元的中型企业为11228家，占2.4%，其余均为1000万日元以下的企业和个人企业。根据日本中小企业的定义，将近99%的日本建设企业属于中小企业。

(二)这种金字塔形结构使日本建设产业形成了较高的产业集中度

根据日本国土交通省《建设工程施工统计》以及日本建设业联合会《承包额实绩调查》，日本48家大型建设企业的市场份额在1990年代达到31.1%的峰值，2002年代跌至18.9%，但自2003年缓慢恢复增长，2009年度末达到21.7%，2011年为20%。

(三)日本建筑企业间建立了长期稳定交易关系，形成了大型企业、中型企业以及小企业等不同层次交易对象的稳定交易网络或集团

这种体系不仅建立在交易往来更建立在紧密的人际关系基础之上，融合了总包企业——各种专门建筑企业——建材企业——设计企业——主办银行等。例如很多大型建设企业，为了确保可信赖的分包企业，组建了各种“合作协会”组织，优先对体制内企业分包各种建设工作。分包企业不仅仅是根据各个项目的利润来判断是否承包，更会尊重总包企业的意向，即便在建设预算比较紧张的局面下，也会配合总包企业完成工程。这种承包一分包关系是对参与双方都有益的一种机制。在具体项目运作过程中，日本建设企业通常采取总包企业直营的项目运作模式，大型总包企业实施目标和预算管理，统筹协调材料采购，同时派遣项目管理者进行现场生产管理、协调分包企业。近年来也有不少日本大型建筑企业为改善经营状况而选择了体制外的价格更低的交易伙伴，分包企业也意图摆脱过分依存某特定企业的局面，这种体制受到了些许冲击，但整个机制仍得以维系。例如国土交通省《2012年度日本建设业实态调查结果》[①]显示，55家大型建筑企业2012年度共计拥有998家子公司和307家关联企业[②]，如果加上合作交易商，类似企业集团的交易网络体系则更加庞大。这种抱团取暖的局面，导致外界难以介入交易体系，避免了来自外界激烈的竞争。日本建筑工程项目分包工程完成额占总承包完成额的比重一直保持在较高水平。2005年达到69%的高点后呈下降趋势，2010年度以后下滑至50%多的水平。

(四)日本建设企业经营利润下降明显，中小企业经营面临严峻局面

日本建设业销售利润率从1992年的3.2%下滑至2002年的1.4%，其后缓慢恢复，但一直低于2%的水平，2011年为1.6%，低于制造业(3.7%)。但由于日本建筑产业集中度比较高，特大型和大型企业保持了相对良好的经营态势。2011年注册资本10亿日元以上以及1亿～10亿日元企业的利润率分别为3.2%、2.6%，均高于行业平均水平，而资本不足1亿日元的中小企业仅为0.8%，仅为行业平均值的一半。

建设企业利润率下降的主因在于泡沫经济破灭后建设市场的长期停滞、竞争激化等，以前按照企业规模、工程对象等分化经营的建设

① 2012年10月1日国土交通省对55家大型建筑企业进行了问卷调查。

② 出资比例50%以上的为子公司，出资比率在20%~50%之间的称作关联企业。

日本建设企业成本构成要素　　表 1

营业额						
工程成本					营业总利润	
材料费（20%~30%）	劳务费（直接雇佣的作业人员薪金）（5%~15%）	外包费（分包合同支付额）（40%~60%）	经费（其他工程相关经费，以及从事项目建设的员工工资等）（10%~20%）	其他成本（兼业部门的成本）	销售管理费（管理层以及间接部门的工资、福利、事务费等）10%~20%	营业利润

数据来源：国土交通省《建设产业再生与发展的对策 2011》http://www.mlit.go.jp/report/sogo13_hh_000123html

业界，一举进入弱肉强食的生存竞争中。为了获得建设项目，总承包企业被迫以低价中标，导致下游分包企业为保住工作机会也被迫降低成本。二级、三级承包企业为维护与总包企业的合作关系也开展各种公关活动等，导致建设公司销售管理费比例上升，此外建材成本以及劳务成本等也呈上涨态势。这些因素均导致企业的财务体制恶化（表 1）。

自日本建设投资开始减少的 1994 年起，建设企业破产数占全行业比重开始增加，小幅波动于 30% 左右。建设企业破产数量和负债额分别由 1992 年的 840 家、3 万亿日元，增加至 2002 年的 2498 家和 5.6 万亿日元。尽管 2003 年以来破产数量和负债额有所下降，但建设企业依然面临严峻局面，特别是地方中坚建设公司，由于公共项目减少竞争加剧，导致营业额下降而遭到淘汰。日本建设企业以及日本政府采取了各种措施，例如为缩减人工成本和管理费，日本建设企业采用了技术人员的“非正式员工化”以及从月薪制转向日薪月薪制。2007 年日本出台了《中小企业融资法》等金融支持政策，国土交通省携手全国的地方银行，开展了促进中小建设企业再生、整合以及转型等支援项目。加之日本震后复兴工程增加，日本建设企业破产数量以及负债额连续 4 年下降，2012 年 403 家企业破产、负债额 3 万亿日元，为 20 年来最低。

（五）日本建设企业重视科技投入，通过产业技术进步改善营收环境以及劳动力不足

日本建设业除了面临经济环境恶化的局面，同时还存在就业人员供给不足、人员老化等问题。根据国土交通省《劳动力调查》，1997 年 55 岁以上、35~54 岁、25~34 岁、15~24 岁从业者的比重分别为 24.1%、45.7、19%、11.2%，而 2012 年则变化为 33.6%、46.1% 和 15.7%、4.6%。国土交通省发布的《2012 年度日本建设业实态调查结果》显示，2012 年建筑业从业人数较 2011 年下降了 1.7%，其中事务岗位减少 2.2%，预决算、监管、研发营销等技术岗位减少 1.5%，一线劳动者等技能岗位下降 4.0%。但是 2013 年以来安倍经济政策给日本经济带来了活力，公共建设、私人住宅投资的增加以及东北地区灾后复兴事业的大量增加，建筑业已经出现严重的人力资源不足。

在此背景下，日本建筑企业通过技术进步等因素提高单位生产效率，弥补了人力资源的不足，即产值的增加并非依靠增加从业人员数量，而是通过提升技术、装备水平等得以实现。日本建设业历来重视研发，研究费占营业额比重虽然较其他产业低，但 20 余年来稳定维持在 0.4%~0.6% 区间，而且不少大型建筑企业年投入研发经费更高达 100 亿日元。此外大型建筑企业均有独自的研究所，与欧美建设业通常将研发等委托大学或公共研究机构的特点显著不同。这表明日本大型建筑企业的研究开发意愿非常高，这也是推动日本建设业劳动生产率以及建设技术占据世界顶尖水平的最大推力。2011 年日本建设业劳动生产率高达 2519 日元 / 人 • 小时，位居世界前列。近年，日本大型建筑企业的研究开发除了将重点放在地震对策、环境保护等外，还致力于高层建筑解体技术、高效的改建维修技术等市场新需求技术。

(六) 由于市场有限，日本建设企业开始向海外市场拓展生存空间，国际化水平不断提高

海外承包项目金额从 1994 年的 9400 亿日元攀升至 2007 年的 1.68 万亿日元，受到国际经济衰退冲击，2009 年骤降至 7000 亿日元，2010 年受到亚洲地区承包项目增加的影响，海外承包额转为增加，2011 及 2012 年均维持在 1 万亿日元以上的水平。为配合企业开拓国际市场，日本政府积极参与 TPP、FTA、APEC 等经济合作组织、加大海外 ODA 等，为建筑企业走向海外铺路建桥。2011 年鹿岛建设、大林组、清水建设、大成建设、竹中公务店等 5 家企业跻身世界建设企业 30 强(销售额), 总数少于欧洲(13 家) 和中国（7 家）、高于美国（2 家），从海外销售额占总营业额比重角度看，日本 5 家企业海外营业额占比 11.9%，高于中国的 10.7%。

四、日本建设企业的借鉴经验

日本建设企业在日本经济的起伏中经历了兴盛、衰退、整合等。尽管在严峻的经营环境下不少企业、主要是中小企业陷入经营困境导致破产，但日本建设企业整体仍实现了可持续发展，涌现出一大批世界知名企业，并创造出世界瞩目的建筑技术。尤其百年、千年建筑企业的发展经验，更引起了世界广泛的关注。根据日本帝国数据库的最新调查数据，日本最长寿的企业是建筑企业——株式会社金刚组（578 年），和另一家建筑企业——中村寺社共同跻身日本 7 家千年企业。22219 家百年企业更不乏建筑企业身影，日本五大超级建筑企业均有百年以上历史，例如竹中公务店创业于 1610 年、清水建设创建于 1804 年、鹿岛建设成立于 1840 年、大成建设成立于 1873 年、大林组创业于 1892 年。

日本建设企业能够实现可持续发展、孕育了众多世界知名的百年老号，除了岛国日本未遭受很多社会动荡、企业发展环境比较得力、日本政府大力扶植企业近代化发展等外部因素外，日本建筑企业自身的经营特质为企业发展提供了源源不断的动力，这些成功的经验均值得我们借鉴。

(一) 坚持不懈地贯彻企业文化

企业文化是指企业根据自身特点以及时代需求，在长期生产实践基础上精心培育发展起来的，在企业运营中发挥着“无形的手”作用，渗透到企业行为的各个方面。日本建设企业在管理实践中，吸收了西方先进管理经验予以创新，形成自己独特的以人为中心、注重创新、重视个性的企业文化，促进了日本建设企业的稳定发展。日本建筑企业的文化理念基本是“诚信经营”“以人为本”“社会责任”等我们众所熟知的理念，最重要的是企业在发展过程中做到了坚持不懈地贯彻，将企业使命、员工利益、社会责任紧密结合到一起，实现了社会繁荣和企业建设相结合，形成了品牌效应。此外，很多建筑企业设立了规模较大的宣传部门，积极通过电视等媒体，加强产品和企业形象的宣传，同时积极开展“建设现场开放日”、防灾减灾、环境保护、社会福利等各种社会公益活动，行使企业社会责任，不仅提升了企业的社会影响力，更为企业发展注入了新的动力。

(二) 提升主营业务的核心竞争力，很少盲目跨界扩张

日本建设企业追求长期可持续发展、不追求眼前利益的经营理念，使日本建筑企业非常重视本业。日本建设企业以企业核心资源为基础不断提升主营领域业务的核心竞争力，形成了资源相对集中、产业关联度大、市场互补性强等特点，企业按照不同规模、工程对象等分化经营，各有所长、各有侧重，很少盲目跨界经营，同时凭借着统一、固定的企业形象，公司的影响力更加长久，避免了多元化带来的不可控风险。固守本业，并不意味着日本建筑企业放弃吸收本业以外的技术，相反，日本建筑企业特别是大型企业积极通过各种方式，例如专业子公司化、加大研发、战略合作、企业并购、企业联合等方式，促进建筑产品的开发与升级，保持创新主营业务的动力基础。譬如积水建房多年来一直将独栋住宅作为主营业务，仅部分涉足中高层建筑，世界500强企业大和房侧重开发工业化住宅，在住宅节能、环保、抗震等领域一直处于日本领先地位并在国际上享有盛誉。而日本大量的小型建设企业，则发挥扎根于地区社会的优势，一直专注于从事地区居民单体住宅的新建、增建、改建乃至住宅维护等业务。

多元化经营作为一种分散经营风险、获取利益最大化的最佳途径本无可厚非，但不顾实际情况而盲目跨界多元化经营要面临很大的风险，甚至导致经营失败。日本最古老的企业——金刚组，原本擅长于日本寺庙、传统建筑庭院，但20世纪50年代开始大举扩张至普通建筑领域，在日本经济泡沫崩溃后企业负债增加，经营陷入困境，2006年经过破产重组后重新归核化，复归寺院建筑的主营本业而重新焕发了生机。

(三)匠人心态的经营质量管理模式

除了《建筑基准法》等法律法规对建设市场予以规范外，日本建设企业还建立完善的全面质量管理模式，贯彻到施工部门乃至设计和营业部门的业务中。日本传统的“匠人”文化也渗透到这种质量管理模式中的每个个体，进行着内在的约束，进一步促进了全面质量管理模式的有效实施。所谓“匠人”文化，就是对自己从事的工作拥有自豪感、并做到精益求精。它并非空泛的理论和逻辑，而是渗透到血液中的优秀素质，为日本民族乃至产业的发展，提供了强大的支撑。例如竹中公务店秉承“匠心”和“栋梁精神”，对于自己参与建设的建筑有着自豪和爱恋，称其为“作品”。建筑企业的管理层乃至一线劳动者，无职业高低贵贱之分，因为大家的内核都是“匠人”。在这种心态下，为满足客户对质量、价格、工期的各种要求，整个企业不断地进行质量改进，彻底地让用户满意，确保企业成长和“长寿”。许多日本建筑企业，在日本国内一般采用单一法人模式，这种模式的最大好处是有利于公司内全部资源的合理配置，最大的弊端在于企业经营的所有风险全由公司承担，因此，这种匠人心态的全面质量管理模式提供了很强的质量管理能力，确保了企业的持续发展。

(四)坚持不懈的技术创新

无论是在国内还是在国际的众多土木工程建设中，日本都取得了巨大成就，显示了其独创的综合建筑技术。日本建设企业有一个普遍的共识：即在不久的将来，建设技术的创新将出现在绝大多数的施工现场，那些不重视技术投入的企业将被淘汰。建设产业既是一种服务贸易同时又属于传统产业，建筑产业界应利用一切可利用的技术，探索生产经营管理的革命。早在1949年，鹿岛建设就成立日本建筑业界第一个私立研究机构——鹿岛建筑技术研究所，雇用200多名技术人员从事建筑材料和工程技术等方面的研究，为鹿岛建设研发了大量的技术和材料，目前鹿岛建设公司拥有1100多项专利，其中72项在国外登记。可以说，没有鹿岛建筑技术研究所，就没有鹿岛公司后来的一系列著名项目的承建，也就不可能造就公司今天的地位。大成建设成功的背后也是强有力的技术研发实力，其设计人员占员工总数的14%以上。当前日本建筑业界正在着眼于智能建筑、MCRM[①]等环保新领域技术的实践。

① M(环保经营的实践)C(削减LCCO2)R(降低建设副产品)N(保护生物多样性)为日本建设业界提出的环保自主行动计划。

（五）稳定的建设人才队伍

日本许多建筑企业仍实行终身雇佣制和年功序列制度，尽管20世纪90年代以来受日本经济长期萧条的影响，部分企业出于经营压力也进行裁员或采用能力主义的评价制度，但终身雇佣制本身并未发生根本性变化。此外2011年建筑业平均年收入441万日元，高于日本国民平均年收入的409万日元，日本五大超级企业平均年收更是在800万日元以上。根据东京劳动局对14大行业应届毕业生薪金的调查，2010年建筑行业平均月薪为20.75万日元，仅次于信息通信业。因此，雇佣的稳定和良好的收入不仅便于吸收高素质人才、加强集团归属意识，而且通过减少劳动力的流动等又便于企业实施长期稳定经营战略，日本建筑业从业人员平均工作年数17.3年，短大及大学以上学历者占37.6%。此外在维护建设队伍方面，很多企业重视对员工的培训，一方面确保员工掌握在工作中的基本技能以及如何在团队中有效工作，同时培训良好的行为规范，自觉地按条例工作，从而形成良好、融洽的工作氛围。另外灌输企业的价值观，增强员工对企业的忠诚心，增强员工与员工、员工与管理人员之间的凝聚力及团队精神。这种高质量的工作队伍配合现代化的生产管理手段等，极大提高了生产效率，例如大成建设引进现代化的网络管理平台，大成建设与建设队伍以及4000多家关联企业通过网络平台高效地进行生产经营、工程项目的技术和资金管理等，很多项目部只派两个项目主管。

（六）日本特有的体系内交易模式避免了外部的激烈竞争

日本是世界上公认的建筑市场难以进入的国家之一，2010年外资建筑企业（外资比例占50%以上的企业）仅为114家，基本均来自欧美发达国家。除了严格的建筑基准外，更由于日本建筑业固有的、特定的封闭性和行业习惯做法。如前所述日本建筑企业通过相互持股或者业务合作等建立了不同层次的交易体系，形成了长期稳定的总包分包等关系，很多合作优先发生于集团内部企业以及关联企业之间，这种内部交易不仅频繁，而且交易额在其总交易额中占有重要地位。日本建筑企业的大部分心态是不愿意轻易放弃与多年合作商的合作，以避免影响到对方企业的生存，造成对方破产、裁员等。同时当面临来自外部的冲击时也倾向于采取一致的行动，总包分包企业形成了一个利益共同体。这也是日本建筑业百年企业众多的重要原因之一。因此，外国建设企业要打入日本建筑市场，可行的进入方式就是并购、战略合作或参资入股，这样可以保持并购企业或合作企业的经营框架不变，因为在经营与整合中的关键要素是人，人际信赖关系是日本很多建筑企业交易展开的根基，获得原管理团队的支持，依赖他们展开商业经营，便于利用旧有的资源渗透至日本特有的交易体制中。

参考资料

[1] 国土交通省网站：www.mlit.go.jp.

[2] 国土交通省综合政策局．平成24年度建设业实态调查结果.2013年4月30日．

[3] 金本良嗣．日本建设产业．日本经济新闻社，1999年7月．

[4] 日本海外建筑协会网站：http://www.ocaji.or.jp.

[5] 日本建设业联合会.2013日本建设业手册.2013年7月．

[6] 王佐．文化现代化的路径选择——梳理、创新、博采众长．现代化的特征与前途——第九期中国现代化研究论坛论文集.2011年7月．

[7] 众议院调查局国土调查研究室．建设产业改革动向.2012年11月．

[8] 总务省统计局．日本统计年鉴2013年版．

① 日本国税厅2011年民间薪金实态统计调查结果：http://www.nta.go.jp/kohyo/press/press/2012/minkan

国内外 EPC 主要合同条款比较研究

杨俊杰

（中建精诚咨询公司，北京　100037）

摘　要：自住建部会同国家工商行政管理总局制定 GF-2011-0216《建设项目工程总承包合同示范文本》（试行）正式颁布后，受到了普遍重视，是工程总承包方面国家的一个法制化的文件，它将使 EPC 工程总承包项目更加规范化、程序化、科学化、市场化。为了便于国内外 EPC 工程总承包项目模式中的运用和操作，本文将 FIDIC《设计采购施工（EPC）交钥匙工程合同条件》与《建设项目工程总承包合同示范文本》（试行）做了对比及简析。把两种不同国情、不同发展程度、不同阶段制定的 EPC 合同条件加以对照比较，从条款的几方面进行说理，从而揭示其本质，使所阐述的认知度会更加深刻，更有说服力。本文将两种合同的特征和优缺点在对比中显露出来，特别是相互矛盾的条款的比较，具有极大的鲜明性，能给人留下深刻的印象。

关键词：EPC；合同条款；比较

自住宅和城乡建设部会同国家工商行政管理总局制定 GF-2011-0216《建设项目工程总承包合同示范文本》（试行）正式颁布后，受到我国业主、承包商、咨询公司和工程界的普遍重视，是大家盼望数年出台的能成为工程总承包方面国家的法制化的文件，它将鼎 EPC 工程总承包项目的规范化、程序化、科学化和市场化。

本人从事 FIDIC EPC 模式学研和实践多年，借此，将 FIDIC《设计采购施工（EPC）交钥匙工程合同条件》与《建设项目工程总承包合同示范文本》（试行）做一粗浅对比及简析，以求在国内外 EPC 工程总承包项目模式中的运用和操作。对比论证，也称比较法，是把两种事物加以对照、比较后，推导出它们之间的差异点，使结论映衬而出的论证方法。“有比较才有鉴别”，国内外 EPC 两种合同条件一经对比，就可以分辨出彼此间的优缺差异。因此，把两种不同国情、不同发展程度、不同阶段制定的 EPC 合同条件加以对照比较，从条款的几方面进行说理，从而揭示其本质，使所阐述的认知度会更加深刻，更有说服力。

基于合同条件的对称性，尽管两种版本可比性不强，仍容易能把两种合同特征和优缺点在对比中显露出来，特别是相互矛盾的条款的比较，具有极大的鲜明性，能给人留下深刻的印象。经过对比，正确的论点更加稳固，可以去非存是，可以抑难扬易。因此，运用对比论证比单纯从正面说理，论证更有力，观点更鲜明。

一、国内外的工程总承包合同条款的法律性值得探究

目前，包括我国中国工程咨询协会在内的

约有70余个国家和地区为国际咨询工程师联合会的会员，都公认《设计采购施工（EPC）交钥匙工程合同条件》是一个被国际上的业主、承包商和咨询公司欢迎和青睐的合同条件，历岁月消磨经受住了实践的检验。但据我所知，除美国外的许多国家的工程项目也口口声声采用EPC模式发包工程，但深入观察和参加招标投标的实际情况则大相径庭，基本上都根据本国国情和工程项目的具体情况，特别是中东、非洲等国。重新拟定一份针对性非常强大所谓FIDIC EPC ×× 工程项目合同条件，显然该合同条件更倾向、利好业主，许多风险及潜在性风险由承包商承担。眼下，仅有世界银行或国际组织他们发包的工程项目的指标文件，不折不扣地使用FIDIC合同条件的全部内容。因此，国内外的工程总承包合同条款，其法律性如何，值得探究一番，否则费了九牛二虎之力，到头来落个费力不讨好的结果。

二、关于《建设项目工程总承包合同示范文本》（试行）

从粗略对比来看，我认为《建设项目工程总承包合同示范文本》（试行），针对性强，既符合国际潮流又贴近我国国情。细腻入微，许多条款在FIDIC基础上，结合我国实际进一步集中、细化、系统、向着使人明明白白地进行可操作的方向迈进，这是一大亮点，有创新性。

从对比表中可看出来，经该项目组锲而不舍的努力，许多条款进行了改革、修正和提升，如第14条“合同总价和付款”，增加了新内容，再如第13条“变更和合同价格调整”，同样弃旧出新，让我国承包商关切的价格方面的系列问题得以改善。在有关部门的大力宣贯下，以及各省市地区的积极学习培训，使我国建设项目总承包模式百尺竿头更上一层。但对国际组织在我国的投资项目，其约束力如何相适应也是需要有配套方面的方式方法。私人项目和BOT项目，可能会对EPC项目合同格式进行必要的大幅度修改。

三、关于《设计采购施工(EPC)/交钥匙工程合同条件》

《设计采购施工（EPC）/交钥匙工程合同条件》之所以在世界上广泛流行，持续性非常强，数十年不衰败，有它固有的优越性。它是FIDIC合同条件数十年系列化的成果，这就是对业主、承包商和咨询公司呈现出系统化、程序化、法律化，被工程界称为工程项目承发包的“圣经”，这不是一朝一夕能成就的。据此，我建议建设主管部门或中国跨国工程公司，对国际咨询工程师联合会编制的菲迪克文件，组织有兴趣的专家学者进行深入再深入的研究，出一些新的学术成果，使我国工程承包项目也能有自己的配套的、系列化的、法律化的、法则化的文件，加速我国工程管理国际化步伐，至少纳入我国经援项目或某些需要我国投资的国家或尚未有合同条件的国家使用。其适用性和非适用性，都必须引起承包商的注意，以免误入歧途造成麻烦。

四、关于《EPC工程总承包项目管理模板手册》

2013年，鉴于多年来的思考、策划和借鉴EPC工程总承包项目管理专家学者的研究成果，经一年来的奋战，研制了《EPC工程总承包项目管理模板手册》的书稿，包括EPC工程模式总论、EPC招标、投标、报价流程，EPC项目信息化建设与管理、EPC工程总承包项目管理量大面广的案例等。其要义是使我国EPC工程项目总承包商，在工程总承包的木桶理论的短板中能提供某项解决之道。

《设计采购施工（EPC）交钥匙工程合同条件》与《建设项目工程总承包合同示范文本》（试行）

通用条件主要条款的比较

序号	条款号	名称	FIDIC EPC 条款主要内容	住建部国家工商行政管理总局制定 GF–2011–0216《建设项目工程总承包合同示范文本》（试行）	相同、相似、相异点	说明
	第 1 条	一般规定	包括定义、解释、通信、法律语言、文件优先次序、合同协议书、权益转让、保密性、知识产权、责任等条款等 14 款	第一条一般规定，包括定义与解释、合同文件、语言文字、适用法律、标准规范、保密事项等 6 款	1、总体条款内容相近。国内工程总承包的一般规定定义部分相对集中、细腻、明确，语言通顺，便于理解。 2、FIDIC 的 EPC 合同要求、程序和深度比国内要求似乎高些，但文字有的难于理解。 3、两者某些定义名称、语言文字、适用法律和规范的依据不同	国内外在管理上差异比较大，合同的策划、执行、争议等并非一样明确。 国内工程总承包往往受到制度上的某些保护。 还体现在成套文件、数据库、P6 软件和集成化的项目管理技术等
	第 2 条	雇主	包括现场进入权、许可、执照或批准、雇主人员、雇主资金安排、雇主的索赔等 5 款	第二条发包人，包括发包人的主要权利和义务、发包人代表、监理人、安全保证、保安责任等 5 款	“雇主”、“发包人”指的都是投资者或建设单位主体。国内涉及拆迁补偿工作，使项目具备开工条件，并提供立项文件。 国内工程总承包项目，业主方的资金安排，存在往往到位不及时的情况。 国内工程总承包项目的索赔，也存在某些落实问题	国内外的监督检查机制，似乎都有对承包商有不利好的一面情形
	第 3 条	雇主的管理	包括雇主代表、其他雇主人员、受托人员、指示、确定等 5 款	第三条承包人，，包括承包人的主要权利和义务、项目经理、工程质量保证、安全保证、职业健康和环境保护保证、进度保证、现场保安、分包等 8 款	项目经理是国内工程总承包合同的明确要求，而 FIDIC 的要求带隐蔽性。 FIDIC 的 EPC 合同条件，承包商聘请设计单位进行规划设计，满足雇主的功能要求，雇主聘请监理工程师进行现场管理，监理与设计可以是一家单位，也可以是两家单位。 注意指示和确定条款，国内工程项目总承包无此内容	应注意理解不同的条款如指示、确定等

续表

序号	条款号	名称	FIDIC EPC 条款主要内容	住建部国家工商行政管理总局制定 GF-2011-0216《建设项目工程总承包合同示范文本》（试行）	相同、相似、相异点	说明
	第 4 条	承包商	包括承包商的一般义务、履约担保、承包商代表、分包商、指定的分包商、合作、放线、安全程序、质量保证、现场数据、合同价格的充分性、不可预见的困难、道路通行权与设施、避免干扰、进场道路、货物运输、承包商设备、环境保护、电水和燃气、雇主设备和免费供应的材料、进度报告、现场保安、承包商的现场作业、化石等 24 款	第四条进度计划，包括项目进度计划、设计进度计划、采购进度计划、施工进度计划、误期损害赔偿、暂停等 6 款。 此款对应国内 EPC 总承包第 6 条款“工程物资”，包括工程物资的提供、检验、进口工程物资的采购 / 报关 / 清关 / 和商检、运输与超限物资运输、重新订货及后果、工程物资保管与剩余	FIDIC 合同条件中，对化石一项要求比较严格，其中特别对文物保护提出了明确要求。 国内工程项目总承包同样有此要求。 进度计划中，国内工程总承包合同把设计、采购和施工单列一款，强化了工程总承包项目的重要意义，更加对工程进度控制有利	两种合同都对承包商提出更严厉的苛刻条件要求。 工程项目总承包商应具备与承揽的项目相匹配的实力和能力
	第 5 条	设计	包括设计义务一般要求、承包商文件、承包商的承诺、技术标准和法规、竣工文件、设计错误、操作和维修手册等 8 款	第五条技术与设计，包括生产工艺技术、建筑设计方案、设计、设计阶段审查、操作维修人员的培训、知识产权等 5 款	1、国内设计单位和施工单位是分离的，承包商如有设计要求，一般需要联合设计单位，此点与欧美发达国家大不一样。 2、FIDIC 的 EPC 合同条件，承包商聘请设计单位进行设计满足雇主的功能要求，在拿到所谓的施工图纸后，承包商的现场代表需要进行施工详图设计及其深化并提交雇主代表 / 监理进行批准等	国内工程总承包商体制需要完善。 国内外设计阶段有比较大的不同，此点切需注意。国际工程 EPC 大部分需要深化设计工作

续表

序号	条款号	名称	FIDIC EPC 条款主要内容	住建部国家工商行政管理总局制定 GF-2011-0216《建设项目工程总承包合同示范文本》（试行）	相同、相似、相异点	说明
	第 6 条	员工	包括员工的雇佣、工资标准和劳动条件、为雇主服务的人员、劳动法、工作时间、为员工提供设施、健康和安全、承包商的监督、承包商人员、承包商人员和设备的记录、无序行为等 11 款	第六条工程物资，包括工程物资的提供、检验、进口工程物资的采购、报关、清关和商检、运输与超限物资运输、重新订货及后果、工程物资保管与剩余等 6 条款	关于国内工程物资条款规定，符合国情的具体状态，程序性清清楚楚，比较切实可行。FIDIC 的 EPC 合同条件里的职员与劳工条款，应当符合工程总承包项目所在国的劳动法等相关法律，凡国际工程 EPC 模式，均应严格遵守，参照执行	国外要求劳工休假制度必须严格遵守和执行劳动法及相关法律
	第 7 条	生产设备、材料和工艺	包括实施方法、样品、检验、试验、拒收、修补工作、生产设备和材料的所有权、土地（矿区）使用费等 8 款	第七条款“施工”，包括发包人的义务、承包人的义务、施工技术方法、人力和机具资源、质量与检验、隐蔽工程和中间验收、对施工质量结果的争议、职业健康 / 安全 / 环境保护等 8 款	国内更强调施工方法和施工方案的编制和实施。 FIDIC 的 EPC 合同条件里，主要强调设计工作和理念，而施工方案比例只是一部分但都涉及和注意到工程项目施工过程的重要工作	国际工程 EPC 模式，对生产设备、材料和工艺的样品检验试验很重视，中国公司常常不适应

续表

序号	条款号	名称	FIDIC EPC 条款主要内容	住建部国家工商行政管理总局制定 GF–2011–0216《建设项目工程总承包合同示范文本》（试行）	相同、相似、相异点	说明
	第 8 条	开工、延误和暂停	包括工程的开工、竣工时间、进度计划、竣工时间的延长、当局造成的延误、工程进度、误期损害赔偿费、暂时停工、暂停的后果、暂停时对生产设备和材料的付款、拖长的暂停、复工等 12 款	第八条竣工试验，包括竣工试验的义务、竣工试验的检验和验收、竣工试验的安全和检查、延误的竣工试验、重新试验和验收、未能通过竣工试验、竣工试验结果的争议等 7 款	对应国内 EPC 总承包第 4 条款“进度计划、延误和暂停”，包括项目进度计划、设计进度计划、采购进度计划、施工进度计划、误期损害赔偿、暂停等	都涉及有关项目进度计划方面规定，误期损害赔偿等，会给承包商带来利益受损或比较大的损害。 承包商应把施工组织计划做得完美，自己避免拖期
	第 9 条	竣工试验	包括承包商的义务、延误的试验、重新试验、未能通过竣工试验等 4 款	第九条工程接受，包括工程接收、接收证书、接收工程的责任、未能接收工程等 4 款	FIDIC 的 EPC 合同条件试运行不应代表着工程的规定接收，即工程在试运行期间生产的任何产品不属于雇主的财产，除非另有专用条件说明；而国内 EPC 总承包规定，发包人对符合设计和质量要求的试验结果负责；这是最大的不同	都涉及关于 EPC 项目 / 交钥匙工程竣工试验的内容
	第 10 条	雇主的接收	包括工程和分项工程的接受、部分工程的接受、对竣工试验的干扰等 3 款	第十条竣工后试验，包括权利与义务、竣工后试验程序、竣工后试验及运行考核、竣工后试验的延误、重新进行竣工后试验、未能通过考核、竣工后试验及考核验收证书、丧失了生产价值和使用价值等 8 款	其对应国内工程总承包第 9 条款“工程接收”，包括工程接收、接收证书、接收工程的责任、未能接收工程等	

续表

序号	条款号	名称	FIDIC EPC 条款主要内容	住建部国家工商行政管理总局制定 GF-2011-0216《建设项目工程总承包合同示范文本》（试行）	相同、相似、相异点	说明
	第 11 条	缺陷责任	包括完成扫尾工作和修补缺陷、修补缺陷的费用、缺陷通知期限的延长、未能修补缺陷、移出有缺陷的工程、进一步试验、进入权、承包商调查、履约证书、未履行的义务、现场清理等 11 款	第十一条质量保修责任，包括质量保修责任书、缺陷责任保修金等 2 款	国内 EPC 总承包项目主要强调质量保修责任书的签订和缺陷责任保修金的专用条款约定； 而 FIDIC 的 EPC 合同里主要强调缺陷的修补、费用及缺陷修补的程序和履约证书和现场清理等，比国内的要求多一些	维修期一般为一年； 但有的国家建筑法规定建筑物结构维修期或保质期比较长
	第 12 条	竣工后试验	包括竣工后试验的程序、延误的试验、重新试验、未能通过竣工后试验等 4 款	第十二条工程竣工验收，包括竣工验收报告及完整的竣工资料、竣工验收等 2 款	国内工程总承包项目强调发包人的批准并不能减轻或免除承包人的责任，承包人应根据经批准的竣工后试验方案组织安排其管理人员进行竣工后试验，产品和(或)服务收益的所有权均属发包人所有	FIDIC 的 EPC 合同的竣工后试验的结果应由承包商负责整理和评价，并编写一份详细报告，对雇主提前使用工程的影响应予适当考虑
	第 13 条	变更和调整	包括变更权、价值工程、变更程序、以适用货币支付、暂列金额、计日工作、因法律改变的调整、因成本改变的调整等 8 款	第十三条“变更和合同价格调整”，包括变更权、变更范围、变更程序、紧急性变更程序、变更价款确定、建议变更的利益分享、合同价格调整、合同价格调整的争议等 8 款	国内工程总承包项目的变更范围，包括设计、采购、施工等变更范围以及发包人的赶工指令和调减部分工程等规定，比较具体； 而 FIDIC 的 EPC 合同里要求有价值工程，此类建议书应由承包商自费编制，并按照变更程序向雇主提交书面建议	国际工程总承包项目，因项目所在国法律更改，工程变更是在预料内应有之事

续表

序号	条款号	名称	FIDIC EPC条款主要内容	住建部国家工商行政管理总局制定GF-2011-0216《建设项目工程总承包合同示范文本》（试行）	相同、相似、相异点	说明
	第14条	合同价格和付款	包括合同价格、预付款、期中付款的申请、付款计划表、拟用于工程的生产设备和材料、期中付款、付款的时间安排、延误的付款、保留金的支付、竣工报表、最终付款的申请结清证明最终付款、雇主责任的中止、支付的货币等15款	第十四条“合同总价和付款”，包括合同总价和付款、担保、预付款、工程进度款、缺陷责任保修金的暂扣与支付、按月工程进度申请付款、按付款计划表申请付款、付款条件与时间安排、付款时间延误、税务与关税、索赔款项的支付、竣工结算等12款	对此款，国内相对的规定，完整周全，滴水不漏，便于操作。 国内工程投标报价只需要熟悉和参照所使用的定额和取费的技巧为依据取费，各承包商的报价差别不会太大。 国内外都以总价合同为基础，包括预付款、工程进度款、最终付款等	EPC合同一般按里程碑支付。 国际上投标报价没有现成定额，基本是单价测算和按照企业自己的定额或参考国内的一些定额并乘以系数，各承包商的报价会相差很大
	第15条	由雇主终止	包括通知改正、由雇主终止、终止日期时的估价、终止后的付款、雇主终止的权利等5款	第十五条保险，包括承包人的投保、一切险和第三方责任险、保险的其他规定等3款。 对应国内工程总承包第18条款是“合同解除”，包括由发包人解除合同、合同解除后的事项等	无论工程总承包项目在何处，终止合同都是一件不愉快不愿意看到的事，其处理过程比较复杂，比较麻烦，有时是“劳民伤财”“两败俱伤”。 此点，会反思到决策层面的问题	国际工程中，大部分因为承包商未按合同履行其职责、责任和义务，而由业主解除合同，并处理相关事宜

续表

序号	条款号	名称	FIDIC EPC 条款主要内容	住建部国家工商行政管理总局制定 GF-2011-0216《建设项目工程总承包合同示范文本》（试行）	相同、相似、相异点	说明
	第 16 条	由承包商暂停和终止	包括承包商暂停工作的权利、由承包商终止、终止后的付款、停止工作和承包商设备的撤离、终止时的付款等 4 款	第十六条违约、索赔和争议，包括违约责任、索赔、争议和解决等 3 款		国际工程 EPC 中，大部分基于发包人未按合同履行其职责、责任和义务，而由承包商解除合同，并处理相关事宜等
	第 17 条	风险与职责	包括保障、承包商对工程的照管、雇主的风险、雇主风险的后果、知识产权和工业产权、责任限度等 6 款	第十七条不可抗力，包括不可抗力发生时的义务、不可抗力的后果等 2 款。 国内外 EPC 模式，风险大且多，涉及政治、经济、军事、法律、文化、自然环境等许多方面的因素。承包商对工程风险的预测、防范等理论和实践研究都引起了严重关切	国际 EPC 项目风险因素难且复杂，内部及外部风险涉及当地宗教信仰、政治团体、法律法规、国际经济风险、设备 / 材料价格变化复杂等； FIDIC 的 EPC 合同是通过激烈市场竞争的结果，风险较大，合同比关系重要。与国内 EPC 项目总承包相比，市场招投标时间和资金成本较高，一个项目跟踪与投标时间三至五年都是很正常的； 相对来讲，国内工程总承包比国际 EPC 风险似好处理	此条总承包商针对具体项目应过细研究其对策和措施 特别关注对工程风险动态管理
	第 18 条	保险	包括有关保险的一般要求、工程和设备保险、人身伤害和财产损害险、承包商人员保险等 4 款	第十八条合同解除，包括由发包人解除合同、由承包人解除合同、合同解除后的事项等 3 款。 此款对应国内 EPC 总承包第 15 条款“保险”，包括承包人的投保、一切险和第三方责任险、保险的其他规定等。	两项合同条件规定，都符合国际惯例	保险是克服风险、转移风险、分担风险的一项重要措施，承包商必须认真做好

续表

序号	条款号	名称	FIDIC EPC条款主要内容	住建部国家工商行政管理总局制定 GF-2011-0216《建设项目工程总承包合同示范文本》（试行）	相同、相似、相异点	说明
	第19条	不可抗力	包括不可抗力的定义、不可抗力的通知、将延误减至最小的义务、不可抗力的后果、不可抗力影响分包商、自主选择终止、支付和解除、根据法律解除履约等7款	第十九条合同生效与合同终止，包括合同生效、合同份数、后合同义务等3款。 其对应国内工程总承包第17条款是“不可抗力”，包括不可抗力发生时的义务、不可抗力的后果等	不可抗力主要来自自然力的不可避免事件，影响合同实施，并对合同双方造成重大经济、人员损失。	应在合同专用条款中，通过谈判、协商，约定不可抗力细化的条款
	第20条	索赔、争端和仲裁	包括承包商的索赔、争端裁决委员会的任命、取得争端裁决委员会的决定、友好解决、仲裁、未能遵守争端裁决委员会的决定等8款	第二十条补充条款：双方对通用条款内容的具体约定、补充或修改在专用条款中约定。 其对应国内工程总承包第16条款“违约、索赔和争议”，包括违约责任、索赔、争议和裁决等	FIDIC的EPC合同的索赔管理更强调时效性，错过索赔的有效期或最佳时机，则会丧失索赔的机会。这与国内是完全不同的，国内主要强调设计变更和现场签证的管理等； FIDIC的EPC合同条件里的事件索赔时效是28天，而国内的EPC合同条件里的事件索赔时效是30天．承包人都存在索赔事件（工期索赔和费用索赔）的处理策略	以上对比皆以国内外合同条件为准。 索赔的解决都是先进行友好解决，协商不了再进行仲裁

钢筋锚固与连接研究在中英结构规范的异同与分析

王力尚　王建英　杨　峰

（中国建筑股份有限公司海外事业部，北京　100125）

关于结构设计中的钢筋锚固和连接，钢筋锚固可以理解为构件端部钢筋进入另一构件，钢筋连接则是构件中间部位钢筋与钢筋的搭接，目的都是使钢筋和混凝土共同工作以承担各种应力。锚固长度要根据不同的抗震等级、钢筋级别、直径、混凝土强度等确定，具体数值可以参考11G101系列图集等确定。钢筋连接则是因为钢筋本身长度满足不了结构构件的长度，需要两根或者更多根连接。钢筋搭接分为绑扎搭接、焊接（闪光对焊、电渣压力焊、电弧焊、点焊等）和机械连接。本文主要分析中英两国结构设计规范的钢筋锚固和连接的差异与机理分析。

1　钢筋锚固分析

1.1　锚固长度的概念不同

中国规范和英国规范对锚固长度的定义有所不同。中国标准GB50010-2010中对锚固长度定义如下："受力钢筋依靠其表面与混凝土的粘结作用或端部构造的挤压作用而达到设计承受应力所需的长度"称之为锚固长度l_a。

英标BS EN 1992-1-1:2004中采用的基本锚固长度$l_{b,\ rqd}$同中国规范的锚固长度概念不同。中国规范是以钢筋屈服为条件确定的，锚固长度从最大弯矩点算起，而英国规范的基本锚固长度是以承载能力极限状态下锚固位置钢筋的设计应力σ_{sd}为基础的，不一定是屈服强度，锚固长度从为σ_{sd}的点算起。

1.2　锚固长度的确定

BS EN1992-1-1:2004中，钢筋锚固计算包括基本锚固长度和设计锚固长度。钢筋锚固方法参考图1。

钢筋基本锚固长度$l_{b,\ rqd}$按下式计算：

$$l_{b,\ rqd}=\frac{\phi}{4}\times\frac{\sigma_{sd}}{f_{bd}} \quad \text{（式1.1）}$$

其中

$$f_{bd}=2.25\eta_1\eta_2 f_{cbd} \quad \text{（式1.2）}$$

式中　ϕ——钢筋直径；

σ_{sd}——承载能力极限状态下锚固位置钢筋的设计应力；

f_{bd}——带肋钢筋的极限粘结应力设计值；

f_{cbd}——混凝土抗拉强度设计值，按BS EN1992-1-1:2004中3.1.6（2）确定；考虑高强混凝土脆性大，只限于C60以下值。

η_1——与粘结状态和浇筑混凝土时钢筋位置有关的系数，"好"的条件下η_1=1.0，其他情况和用滑模制作的构件的钢筋η_1=0.7；关于粘结状态的描述，可参考BS EN1992-1-1:2004中图8.2。

η_2——与钢筋直径有关的系数，钢筋直径不大于32mm时η_2=1.0，钢筋直径大于32mm时η_2=(132-ϕ)/100。

钢筋设计锚固长度l_{bd}按下式计算：

$$l_{bd}=\alpha_1\alpha_2\alpha_3\alpha_4\alpha_5 l_{b,\ rqd}\geqslant l_{b,\ min} \quad \text{（式1.3）}$$

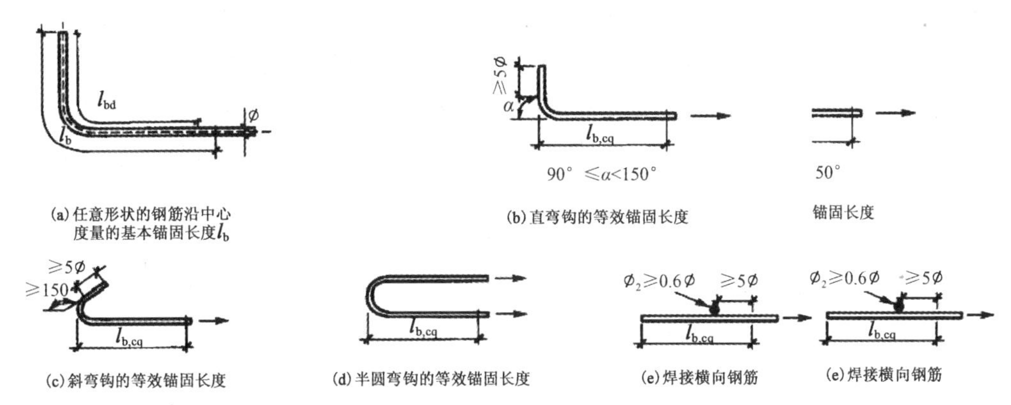

图 1　BS EN 1992-1-1:2004 的钢筋锚固方法

式中 α_1——采用适当的保护层时考虑钢筋品种的影响系数；

α_2——保护层厚度影响系数；

α_3——横向钢筋约束影响系数；

α_4——沿设计锚固长度 l_{bd} 焊接一根或多根横向钢筋 ($\phi_t \geqslant 0.6\phi$) 的影响系数；

α_5——沿设计锚固长度传递到劈裂面压力的影响系数；

$l_{b,rqd}$——钢筋基本锚固长度；

$l_{b,min}$——当无其他限制时的最小锚固长度，受拉锚固时 $l_{b,rqd} \geqslant \max\{0.3\,l_{b,min}$；$10\phi$；$100mm\}$；受压锚固时 $l_{b,min} \geqslant \max\{0.6\,l_{b,rqd}$；$10\phi$；$100mm\}$

式中 α_1、α_2、α_3、α_4、α_5 取值见表 1，其中乘积 $\alpha_2\alpha_3\alpha_5 \geqslant 0.7$。

按式 1.3 确定受拉钢筋的锚固长度比较复

系数 α_1、α_2、α_3、α_4 和 α_5 的取值　　表 1

影响因素	锚固类型	钢筋	
		受拉	受压
钢筋弯钩形式	直锚	α_1=1.0	α_1=1.0
	除直锚外的其他锚固形式（图 1 中 b、c、d）	$\alpha_1=0.7(c_d > 3\phi)$ $\alpha_1=1.0(c_d \leq 3\phi)$	α_1=1.0
混凝土保护层	直锚	$\alpha_2=1-0.15(c_d-\phi)/\phi$ $\geqslant 0.7$ $\leqslant 1.0$	α_2=1.0
	除直锚外的其他锚固形式（图 1 中 b、c、d）	$\alpha_2=1-0.15(c_d-3\phi)/\phi$ $\geqslant 0.7$ $\leqslant 1.0$	α_2=1.0
受未焊在主筋的横向钢筋约束	所有类型	$\alpha_3=1-K\lambda$ $\geqslant 0.7$ $\leqslant 1.0$	α_3=1.0
受焊接横向钢筋约束	所有类型（位置和尺寸见图 1 中 e）	α_4=0.7	α_4=0.7
受横向压力约束	所有类型	$\alpha_5=1-0.04p$ $\geqslant 0.7$ $\leqslant 1.0$	—

注：c_d、K、λ、p 值详参考 BS EN1992-1-1:2004 中表 7.2。

杂，BS EN1992-1-1:2004 也允许采用简化方法取值。图 1 表示出了不同钢筋弯钩时的等效锚固长度 $l_{b,eq}$，对于图 1 中 b、c、d 中的钢筋形式，$l_{bd}=\alpha_1 l_{b,rqd}$，对于图 1 中 e 中的钢筋形式，$l_{bd}=\alpha_4 l_{b,min}$。

考虑粗直径钢筋（英标定义为 $\phi>$ 40mm，欧标建议为 32mm）产生的劈裂应力高，销栓作用大，其锚固性能较细钢筋差，BS EN1992-1-1:2004 规定粗直径钢筋使用时应采用机械装置进行锚固，具体内容可参考该规范第 8.8 条。

对锚固长度的确定，中国标准中在考虑锚固钢筋外形系数的基础上规定了普通纵向受拉钢筋的基本锚固长度计算公式，然后结合实际工程中锚固条件和锚固强度的变化对受拉钢筋的锚固长度予以修正；根据工程经验、试验研究及可靠度分析，并参考国外规范确定受压钢筋的锚固长度为相应受拉锚固长度的 70%。规范 GB50010-2010 中对受压钢筋锚固区域的横向配筋也提出了要求。在实际工程应用中，中国《混凝土结构施工图平面整体表示方法制图规则和构造详图》G101 系列图集对混凝土结构中常用各级钢筋与各强度等级的混凝土相配合时的受拉钢筋最小锚固长度值和受拉钢筋抗震锚固长度值分别编制成表，方便设计施工中直接取用。

总之，BS EN1992-1-1:2004 对钢筋锚固长度定义、计算方法和公式与中国标准 GB50010 不同，其考虑的因素比较多，计算也相对复杂。在框架结构梁柱节点处的钢筋锚固和连接，中英标准也有一定差异，BS EN1992-1-1:2004 还分别给出了框架节点承受张开弯矩和闭合弯矩情况下的压杆－拉杆模型。

2 钢筋连接分析

钢筋连接的基本要求是保证接头区域应有的承载力、刚度、延性、恢复性能以及疲劳性能。钢筋连接的形式（搭接、机械连接、焊接）各自适用于一定的工程条件。钢筋连接的基本原则为：连接接头设置在受力较小处；同一受力钢筋上宜少设连接接头；限制钢筋在构件同一跨度或同一层高内的接头数量；避开结构的关键受力部位，如柱端、梁端的箍筋加密区，并限制接头面积百分率；在钢筋连接区域应采取必要的构造措施等。

2.1 搭接接头连接

2.1.1 搭接应用范围

英国规范 BS EN 1992-1-1:2004 中 8.8 条规定，除构件截面尺寸小于 1m 或应力不超过设计极限强度 80% 的情况，一般粗直径钢筋（欧洲规范中定义为直径大于 32mm 的钢筋；英国规范中定义为直径大于 40mm 的钢筋）不采用搭接连接。英标中并未要求需绑扎搭接连接。中英规范中对钢筋搭接范围的规定基本一致，相比之下，中国规范较英国规范要求严格些。在《混凝土结构设计规范》GB 50010-2010 中规定"轴心受拉及小偏心受拉杆件的纵向受力钢筋不得采用绑扎搭接；其他构件中的钢筋采用绑扎搭接时，受拉钢筋直径不宜大于 25mm，受压钢筋直径不宜大于 28mm。"

2.1.2 搭接接头连接区段及接头面积百分

英国规范 BS EN 1992-1-1:2004 中 8.7 条规定，两根搭接钢筋之间的横向净间距不超过 4ϕ 或 50mm，否则应增加搭接长度，增加的长度为超过 4ϕ 或 50mm 处钢筋的净距。相邻两组搭接钢筋之间的纵向距离不小于 0.3 倍的搭接长度 l_0。对于相邻搭接的情况，两组搭接钢筋之间的净距不小于 2ϕ 或 20mm，如图 2 所示。

当符合上面的规定时，若所有钢筋分布在一层，受拉钢筋允许的搭接率为 100%；如果钢筋多层布置，搭接率减小为 50%。所有受压钢筋和次钢筋（分布筋）可在一个截面内搭接。

对纵向受拉钢筋的绑扎搭接要求，中国标准规定严于英标要求。中国标准规定，同一构件中相邻纵向受力钢筋的绑扎搭接接头宜相互

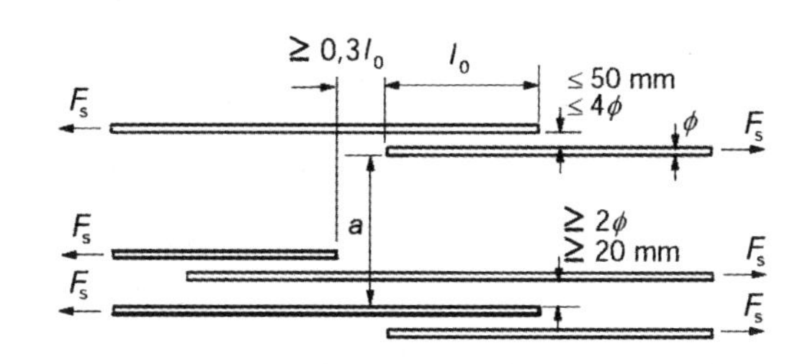

图 2 BS EN1992-1-1:2004 规范中对纵向受拉钢筋的绑扎搭接要求

错开；绑扎搭接接头中钢筋的横向净距不应小于钢筋直径 ϕ，且不应小于 25mm；钢筋端部相距要大于 $0.3ll$。同一连接区段内，纵向受拉钢筋搭接接头面积百分率应符合设计要求；当设计无具体要求时，应符合下列规定：① 对梁类、板类及墙类构件，不宜大于 25%；② 对柱类构件，不宜大于 50%；③ 当工程中确有必要增大接头面积百分率时，对梁类构件，不应大于 50%；对于其他构件，可根据实际情况放宽。

2.1.3 搭接区域内构造要求

英国规范 BS EN 1992-1-1:2004 中 8.7.4 条规定，搭接区需要配置横向钢筋来抵抗横向拉力。对于横向受拉钢筋，当搭接钢筋的直径 ϕ_1 小于 20mm 或任何截面上搭接钢筋的百分比小于 25% 时，由其他原因而配置的横向钢筋或箍筋足以抵抗横向拉力而不要检验。当搭接钢筋的直径大于或等于 20mm 时，横向钢筋的总面积 A_{st}（平行于搭接钢筋层的所有肢）不小于一组搭接钢筋的总面积 A_s（$\Sigma A_{st} \geqslant 1.0A_s$）。横向钢筋的布置应垂直于搭接钢筋且在搭接钢筋与混凝土表面之间，并在搭接截面的外侧，如图 3（a）所示。当超过 50% 的钢筋搭接在一个接头且一个截面相邻搭接间的距离 a ≤ 10ϕ 时（图 2），横向钢筋应做成箍筋或 U 型钢筋锚固在截面内。

对于永久受压钢筋的横向钢筋，除对受拉钢筋的相关规定外，应有一根横向钢筋布置在搭接长度每端的外侧，且在搭接长度端部 4ϕ 的范围内，如图 3（b）所示。

2.1.4 受拉钢筋的搭接长度

搭接长度均以锚固长度为基础进行计算。

英国规范 BS EN 1992-1-1:2004 中 8.7.3 条规定，钢筋设计搭接长度 l_0 按下式计算：

$$l_0 = \alpha_1 \alpha_2 \alpha_3 \alpha_5 \alpha_6 l_{b,rqd} \geqslant l_{0,min} \quad (式 2.1)$$

式中 α_1——采用适当的保护层时考虑钢筋品种的影响系数；

α_2——保护层厚度影响系数；

α_3——横向钢筋约束影响系数；

α_5——沿设计锚固长度传递到劈裂面压力的影响系数；

α_6——同一连接区段内搭接接头面积百分率的影响系数；

$l_{b,rqd}$——钢筋基本锚固长度；

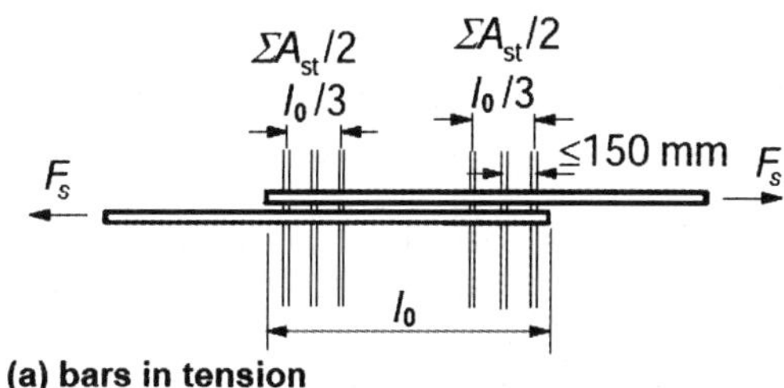

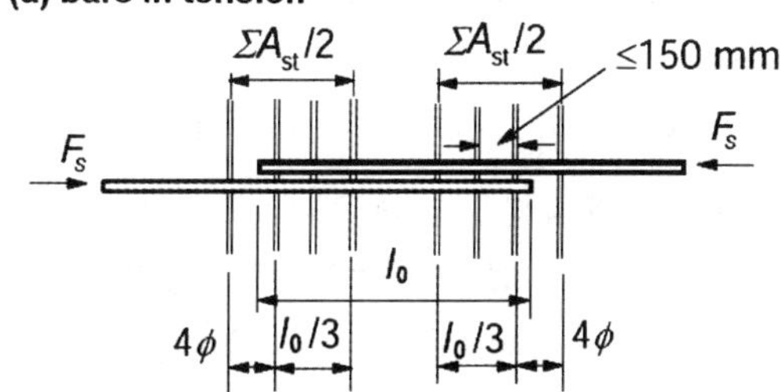

图 3 BS EN1992-1-1:2004 规范中搭接接头的横向钢筋设置

$l_{0,min}$——当无其他限制时的最小搭接长度，$l_{0,min} \geqslant \max\{0.3\alpha_6 l_{b,rqd}；15\phi；200mm\}$。

式中 α_1、α_2、α_3、α_5 取值见表 1；α_6 按表 2 取值，不超过 1.5。

3.1.5 受压钢筋的搭接长度

BS EN 1992-1-1:2004 中系数 α_6 取值　　表 2

搭接钢筋占钢筋总截面面积的百分率（%）	<25	33	50	>50
ξ_1	1	1.15	1.4	1.5

英国规范中，构件中的纵向受压钢筋的搭接长度计算与受拉钢筋的搭接长度计算公式相同，但系数 $\alpha_1 \sim \alpha_5$ 按表 1 中受压情况取值。而中国规范中，构件中的纵向受压钢筋的搭接长度ll' 为纵向受拉钢筋搭接长度ll的 0.7 倍，且不应小于 200mm 。

2.2 钢筋接头机械连接或焊接连接

英标中钢筋的连接方式同中国标准一样也有搭接、焊接和机械连接，BS 8110–1:1997 中规定“接头应避开高应力处并且尽量错开。当接头区域所受荷载主要为周期循环性质时，不应采用焊接连接”。

对于焊接的要求，规定焊接应尽量在工厂加工完成，避免施工现场的临时焊接工作，焊接的类型分为三种：金属极电弧焊、闪光对接焊和电阻焊。对于焊接接头的位置要求如下：不宜在钢筋弯曲部位实施焊接，设置在同一构件内不同的受力主筋的接头宜相互错开，接头之间的距离不应小于钢筋的锚固长度。英标 BS EN ISO 17660–1:2006、BS EN ISO 17660–2:2006 对钢筋焊接有具体要求。

关于机械接头连接，英标中并无明确的技术规范，接头试验通过 BS 8110 规范相应力学要求即可，一般可在通过英国 CARES™ 认证的接头产品中选用。中国标准中规定在施工现场钢筋机械连接接头、焊接接头应分别按国家现行标准《钢筋机械连接通用技术规程》JGJ107、《钢筋焊接及验收规程》JGJ18 的规定对其试件力学性能和接头外观进行检查。

3 中东地区英标钢筋锚固和连接应用

中东地区英标钢筋锚固和连接应用见表3。

4 结语

通过上述知道，钢筋锚固长度的英标定义、计算方法和公式与中国标准不同，其考虑的因素比较多，计算也相对复杂；关于钢筋连接，英标中钢筋的连接方式同中国标准一样，也有搭接、焊接和机械连接，对现场焊接控制较严，而搭接要求低于中国标准。因此在涉外项目的结构设计中，要严格按照规定的规范进行设计。如果相差不大，在一些特殊地区可以取两者大者。

参考文献

[1] 贡金鑫，车轶，李荣庆．混凝土结构设计（按欧洲规范）[M]. 北京：中国建筑工业出版社,2009:87-90,93-98,250-254.

[2] 中国建筑科学研究院 .GB50010-2010 混凝土结构设计规范 [S]. 北京：中国建筑工业出版社,2011.

[3] 中国建筑科学研究院 .GB50204-2002（2011 年版）混凝土结构工程施工质量验收规范 [S]. 北京：中国建筑工业出版社,2011.

[4] 中国建筑科学研究院 .GB50666-2011 混凝土结构工程施工规范 [S]. 北京：中国建筑工业出版社,2011.

[5] 中国钢铁工业协会 .GB1499.2-2007 钢筋混凝土用钢 第 2 部分 热轧带肋钢筋 [S]. 北京：中国标准出版社,2007.

[6] 中国钢铁工业协会 .GB1499.1-2008 钢筋混凝土用钢第 1 部分热轧光圆钢筋 [S]. 北京：中国标准出版社,2008.

[7] BS EN 1992-1-1:2004.Eurocode 2: Design of concrete structures-Part 1.1: General rules and rules for buildings,2008.

（下转第 77 页）

中东地区英标钢筋锚固和连接　　表 3

序号	部位	受拉区	受压区	备注
1	梁	60 倍直径，或 60 厘米	36 倍直径，或 200+15 倍直径	锚固
2	柱	56 倍直径	45 倍直径	
3	墙	60 倍直径	48 倍直径	
4	所有部位	8 倍直径	8 倍直径	连接

结构钢筋施工技术在中英规范中的体现与分析

王建英 杨 峰 王力尚 周康 李笑寒

（中国建筑股份有限公司海外事业部，北京 100125）

摘 要：本文对比了中英两国钢筋加工规范的钢筋加工弯钩与弯折要求、保护层厚度以及钢筋间距等要求，得出两国钢筋施工质量控制的标准差异，以备现场工程人员参考。

关键词：钢筋加工弯钩与弯折；保护层厚度；钢筋间距；钢筋施工质量控制

如果结构设计中，钢筋的受力分析、保护层厚度、钢筋锚固长度和连接长度不同，那么在施工过程中的钢筋标准必然不同。同时由于施工过程中本身问题，钢筋移位以及操作误差导致钢筋加工及安装产生一些变化是必然，也必然会产生一些与结构设计时的不同。比如钢筋保护层变小时，较薄的混凝土层对钢筋的握裹力会减小，同时引起锚固受力和预应力混凝土传递性能的不足；保护层变小则会导致混凝土碳化、钢筋脱落、锈蚀加快等问题，最终影响结构耐久性和使用年限。这就说明了钢筋施工的质量控制是极其重要的，比较中英两国钢筋施工技术规范的不同更加重要。

1 钢筋加工要求不同

1.1 钢筋的弯钩与弯折要求

英标设计规范 BS EN1992-1-1:2004 中第 8.3 款内容对避免钢筋破坏的最小弯曲直径进行了规定，并在配套规范 NA to BS EN1992-1-1:2004 中表 NA.6a) 和表 NA.6b) 中给出了英标规定的最小弯曲直径 $\phi_{m,min}$（表 1）。

另外，在 BS 8666:2005 第 7.2 节规定钢筋弯曲加工尺寸应符合该规范的要求（表 2），钢筋末端弯钩和弯折后的平直部分长度应不小于 5*d*（见表 1，*d* 为受弯钢筋直径，下同）。弯折角度小于 150° 时，钢筋末端弯钩和弯折后的平直部分长度应不小于 10*d* 且不小于

避免钢筋和钢丝破坏的最小弯曲直径 (mm) 表 1

钢筋直径 ϕ	弯折、斜弯钩和半圆弯钩的最小弯曲直径 $\phi_{m,min}$	图例
≤ 16	4ϕ	≥5φ；α；$l_{b,eq}$；(a) 90° ≤α<150°；≥5φ；≥150；$l_{b,eq}$；(c)斜弯钩的等交往锚固长度；(b)；(d)半圆弯钩的等交往锚固长度
>16	7ϕ	
注：钢筋的准备、尺寸确定、弯曲和切断应符合 BS8666:2005。		

最小弯曲直径 $\phi_{m,min}$ 下各直径钢筋末端弯曲的最小尺寸 P　　表 2

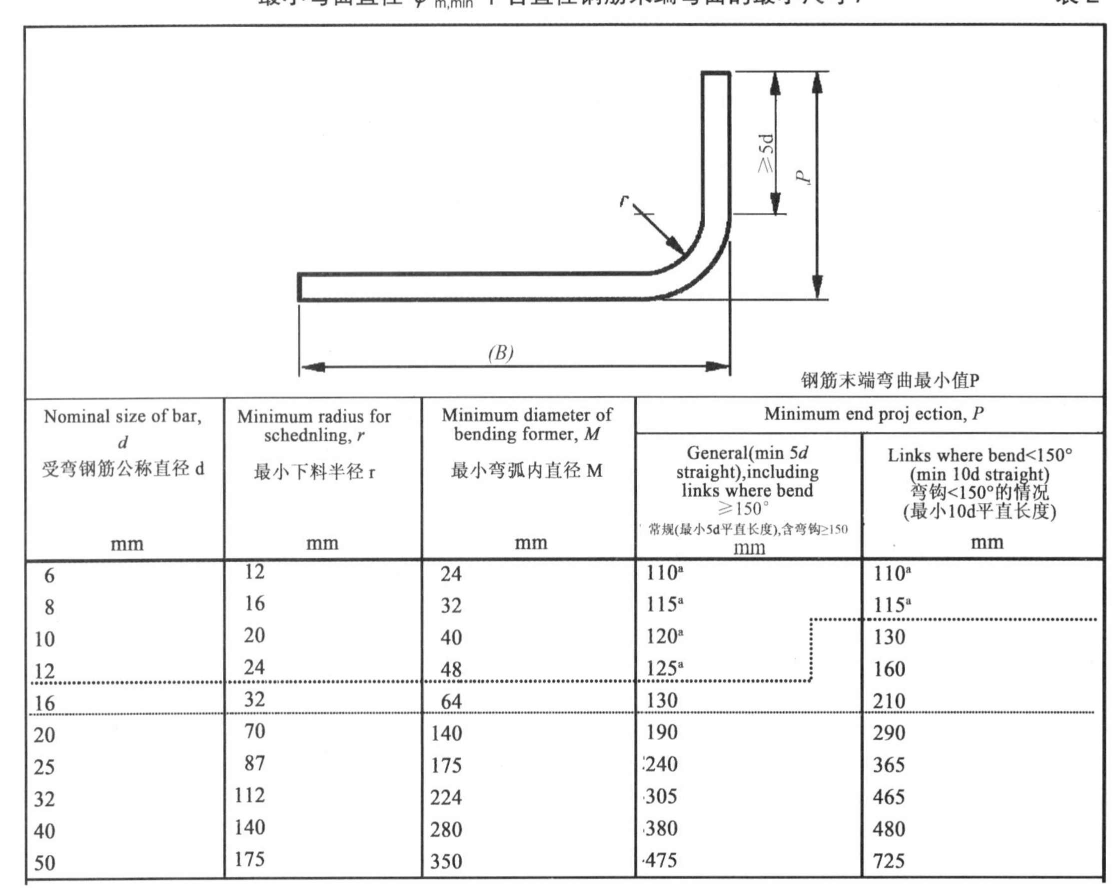

Nominal size of bar, *d* 受弯钢筋公称直径 d mm	Minimum radius for schednling, *r* 最小下料半径 r mm	Minimum diameter of bending former, *M* 最小弯弧内直径 M mm	Minimum end proj ection, *P*	
			General(min 5*d* straight),including links where bend ≥150° 常规(最小5d平直长度),含弯钩≥150 mm	Links where bend<150° (min 10d straight) 弯钩<150°的情况 (最小10d平直长度) mm
6	12	24	110[a]	110[a]
8	16	32	115[a]	115[a]
10	20	40	120[a]	130
12	24	48	125[a]	160
16	32	64	130	210
20	70	140	190	290
25	87	175	240	365
32	112	224	305	465
40	140	280	380	480
50	175	350	475	725

70mm（图 1）。在英标设计规范 BS EN1992-1-1:2004（表 1）的基础上，BS 8666:2005 给出了在最小弯曲直径 $\phi_{m,min}$ 下各直径钢筋末端弯曲的最小尺寸 P（表 2）。

在表 2 中，当弯折角度 ≥ 150° 时，$P \geq 5d+r+d$；当弯折角度 <150° 时，$P \geq (10d+r+d, 70mm+r+d)$。另外，对于英标 BS EN 1992-1.1:2004 中的相应规定不适用于 BS 4449:2005 中 B500A 级直径小于 8mm 的钢筋。

英标 BS EN1992-1-1:2004 中第 8.5 款内容对箍筋弯折和弯钩的弯后平直部分长度进行了规定，见图 1。

考虑成型钢筋的运输，英标中规定每根成型钢筋所占矩形区域的短边不大于 2750mm，一般情况下长度不大于 12m，特殊情况下不应大于 18m。

中国标准 GB50010-2010、GB 50204-2002、GB50666-2011 中均对受力钢筋、构造钢筋的弯钩与弯折进行了要求，详见表 3。

1.2　钢筋弯曲标准形状与长度计算

英标 BS 8666:2005 中对于钢筋弯钩与弯折并没有区分钢筋等级与钢筋用途，而是以图表

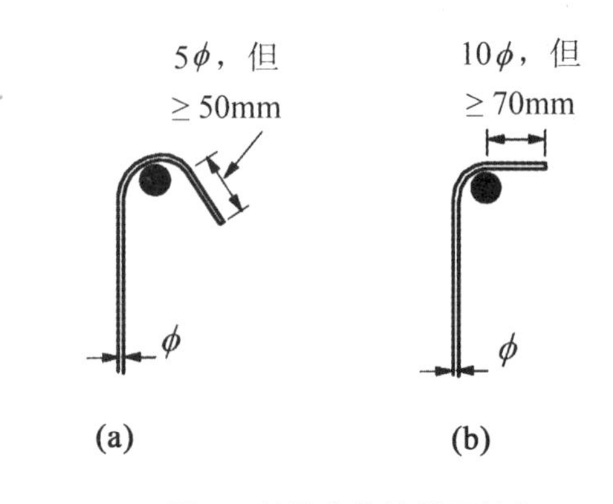

图 1　箍筋弯钩的锚固长度

钢筋弯曲要求（中国规范）　　表 3

钢筋弯折的弯弧内半径要求（单位：mm）			
钢筋类型	钢筋直径	钢筋弯折的弯弧内直径（不小于）	特殊说明
光圆钢筋	d	$2.5d$	（1）箍筋弯折处尚不应小于纵向受力钢筋直径。 （2）箍筋弯折处纵向受力钢筋为搭接钢筋或并筋时，应按钢筋实际排布情况确定箍筋弯弧内直径。 （3）位于框架结构顶层端节点处的梁上部纵向钢筋和柱外侧纵向钢筋，在节点角部弯折处： ① $d<28$ 时，弯弧内直径 $\geqslant 12d$； ② $d\geqslant 28$ 时，弯弧内直径 $\geqslant 16d$。 (4) 钢筋作不大于 90° 弯折时，弯折处的弯弧内直径 $\geqslant 5d$
带肋钢筋 335MPa 级、400MPa 级	d	$4d$	
带肋钢筋 500MPa 级	$d<28$	$6d$	
	$d\geqslant 28$	$7d$	
钢筋弯折后平直段长度要求（单位：mm；d 为钢筋直径）			
钢筋类型		弯折形状	弯折后平直段长度
纵向受力钢筋		90° 弯钩	$12d$
		135° 弯钩	$5d$
光圆钢筋		180° 弯钩	$\geqslant 3d$
箍筋、拉筋	一般结构构件	$\geqslant$ 90° 弯钩	$\geqslant 5d$
	构件有抗震设防要求时	$\geqslant$ 135° 弯钩	max{ $\geqslant 10d$；75}

的形式规定了 34 种钢筋弯折形状和标准焊接钢筋网尺寸参数供设计施工使用。现引用部分图表在本文中，如表 3 所示，剩余部分见原规范规定。相比，中国行业标准中 JG/T226-2008《混凝土结构用成型钢筋》则对成型钢筋给出了 67 种钢筋弯折形状。

1.3 钢筋加工质量检验

对于钢筋加工，英国规范中建议在专业加工厂家进行切割和弯曲作业，尽量避免现场加工。钢筋加工前需确认加工单与最新的钢筋设计文件一致，加工时要求严格按照加工单进行。钢筋加工单应满足规范 BS 8666:2005 中第 5 节的规定。英国规范 BS 8666:2005 中第 9 节对钢筋切割和弯曲加工作业中的允许偏差值进行了规定，详见表 5。

中国规范规定钢筋加工的形状、尺寸应符合设计要求，其偏差应符合 GB 50204-2002（2011 年版）表 5.3.4 的规定。

中国行业标准 JG/T226-2008《混凝土结构用成型钢筋》对按规定尺寸、形状加工成型的混凝土结构用非预应力钢筋制品的产品标记、加工要求、试验方法、检验规则、包装、标志、贮运等进行了明确的规定，进一步指导工程施工。

2 钢筋安装

2.1 钢筋保护层厚度控制

中国国家标准中目前尚无关于钢筋保护层垫块产品的相关标准，仅地方上发布了相关规定，如广州市建委发布了穗建筑[2006]311 号《关于在建设工程中推广使用钢筋保护层塑料垫块的通知》，并在通知中提供了《钢筋保护层塑料垫块质量控制指引》，明确了钢筋保护层塑

部分钢筋弯曲标准形状与长度计算　　表4

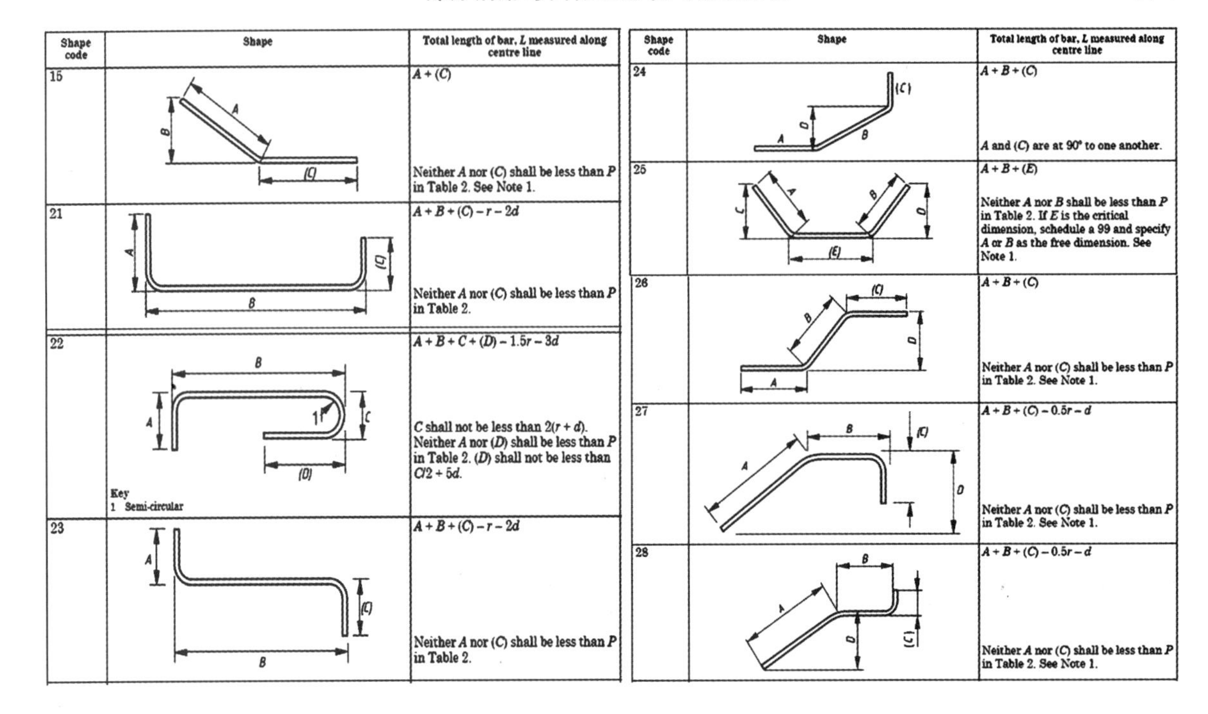

Shape code	Shape	Total length of bar, L measured along centre line
15		A + (C) Neither A nor (C) shall be less than P in Table 2. See Note 1.
21		A + B + (C) − r − 2d Neither A nor (C) shall be less than P in Table 2.
22	Key 1 Semi-circular	A + B + C + (D) − 1.5r − 3d C shall not be less than 2(r + d). Neither A nor (D) shall be less than P in Table 2. (D) shall not be less than C/2 + 5d.
23		A + B + (C) − r − 2d Neither A nor (C) shall be less than P in Table 2.

Shape code	Shape	Total length of bar, L measured along centre line
24		A + B + (C) A and (C) are at 90° to one another.
25		A + B + (E) Neither A nor B shall be less than P in Table 2. If E is the critical dimension, schedule a 99 and specify A or B as the free dimension. See Note 1.
26		A + B + (C) Neither A nor (C) shall be less than P in Table 2. See Note 1.
27		A + B + (C) − 0.5r − d Neither A nor (C) shall be less than P in Table 2. See Note 1.
28		A + B + (C) − 0.5r − d Neither A nor (C) shall be less than P in Table 2. See Note 1.

料垫块所用的材料、规格、技术要求、试验方法、检验规则和标志、包装、运输与贮存、使用等规定，要求在该地区施工时参照执行。

相比之下，英国标准 BS 7973-1-2001《Spacers and chairs for steel reinforcement and their specification — Part 1: Product performance requirements ICS 77.140.99》、BS 7973-2-2001《Spacers and chairs for steel reinforcement and their specification — Part 2: Fixing and application of spacers and chairs and tying of reinforcement》则对钢筋保护层垫块及支撑马凳的材料、分类、规格、技术要求、试验方法、检验规则和标志、安装使用等进行了明确要求。我国可以结合国情借鉴参考英国已有标准，规范此类标准及其应用。

2.2 钢筋间距

钢筋间距影响混凝土的浇筑和振捣，以及钢筋与混凝土的粘结性能，所以中英规范中对此都有所规定。

中国混凝土结构设计规范 GB50010-2010 第 9.2.1 条分别对梁上、下部水平向钢筋、竖向各层钢筋的间距进行了规定（水平浇筑的预制柱其纵向钢筋的最小净间距亦按此规定），第 9.3.1 条规定了柱中纵向钢筋的净间距。

钢筋切割和弯曲加工作业中的允许偏差值 (mm)　　表5

钢筋切割和弯曲加工	允许偏差
平直钢筋切割长度（含待弯曲的平直钢筋）	+25，-25
弯曲：	
≤ 1000mm	+5，-5
>1000mm，≤ 2000mm	+5，-10
>2000mm	+5，-25
钢筋网片中的钢筋长度	± 25 或钢筋长度的 0.5% 中的较大值

英标在设计规范 BS EN 1992-1-1:2004 中规定，单排平行钢筋之间或各层平行钢筋之间的净距（水平和垂直）不小于 k_1 倍的钢筋直径、(d_g+k_2)

中东地区英标钢筋施工案例 表 6

	钢筋类型		钢筋直径								
			6	8	10	12	16	20	25	32	40
最小弯曲半径	螺纹钢		18	24	30	36	48	60	100	128	160
	圆钢		12	16	20	24	32	40	50	64	80
箍筋最小弯曲长度	90°弯曲	螺纹钢	72	96	120	144	192	240	325	–	–
		圆钢	65	88	110	132	176	220	275	–	–
	180°弯曲	螺纹钢	48	64	80	96	128	160	225	–	–
		圆钢	42	56	70	84	112	140	175	–	–
连接			（1）搭接处斜弯曲长度 300mm 或 12 倍直径； （2）连接长度为 8 倍直径								

mm 或 20mm 中的较大者。其中 dg 为骨料最大粒径，英标建议 k_1 和 k_2 的值分别为 1 和 5mm。当水平构件的钢筋分几层布置时，每层的钢筋应上下对齐。竖向构件每列钢筋之间应有足够的间距以插进混凝土振捣器。

2.3 钢筋安装位置的允许偏差

中国混凝土结构工程施工质量验收规范 GB50204-2002 中规定，钢筋安装时，受力钢筋的品种、级别、规格和数量必须符合设计要求。钢筋安装位置的偏差应符合规范中表 4.5.2 的规定。

英国规范 BS EN 13670:2009 中表 4 和表 G.6 对钢筋安装位置允许偏差进行了规定，同时在实施中首先要满足项目相应具体的技术规范要求。对受力钢筋保护层厚度偏差的要求，与中国标准按照构件类型分别规定不同，英标中是按照构件截面高度范围（$h \leqslant 150$mm，h=400mm，$h \geqslant 2500$mm）区别对待。另外对受力搭接钢筋的搭接长度，中国标准规定了最低长度，安装中不允许出现负公差，而英标中则允许小于 0.06 倍的搭接长度。对预埋件安装位置允许偏差，英标中分类进行规定，中国标准则相对笼统但安装要求不低。整体来说，中国标准对钢筋安装位置的允许偏差要求较高。

3 中东地区英标钢筋施工案例

中东地区英标钢筋施工案例见表 6。

4 结语

对钢筋加工和安装的具体要求，中国规范整体上高于英国规范。但英标要求明确和全面。英标建议在专业加工厂家进行切割和弯曲作业，尽量避免现场加工，英标强调项目具体技术规范的要求和标准。英标中对钢筋的混凝土保护层控制予以单册明确，中国可以结合实际借鉴英国已有标准，规范此类标准及其应用。

参考文献

[1] 贡金鑫，车轶，李荣庆 . 混凝土结构设计（按欧洲规范）[M]. 北京：中国建筑工业出版社 ,2009:87-90,93-98,250-254.

[2] 中国建筑科学研究院 .GB50010-2010 混凝土结构设计规范 [S]. 北京：中国建筑工业出版社 ,2011.

[3] 中国建筑科学研究院 .GB50204-2002（2011 年版）混凝土结构工程施工质量验收规范 [S]. 北京：中国建筑工业出版社 ,2011.

[4] 中国建筑科学研究院 .GB50666-2011 混凝土结构工程施工规范 [S]. 北京：中国建筑工业出版社 ,2011.

[5] 中国钢铁工业协会 .GB1499.2-2007 钢筋混凝土用钢 第 2 部分 热轧带肋钢筋 [S]. 北京：中国标准出版社 ,2007.

[6] 中国钢铁工业协会 .GB1499.1-2008 钢筋混凝土用钢 第 1 部分热轧光圆钢筋 [S]. 北京：中国标准出版社 ,2008.

（下转第 90 页）

南京国民政府时期建造活动管理初窥（二）

卢有杰

（清华大学建设管理系，北京 100089）

（1）铁道

按国民政府1928年11月7日公布的铁道部组织法[54]，该部管理并建设全国国有铁道，规划全国铁道系统及监督商办铁道，设有总务、理财、管理和建设四司。建设司掌理的事项有：一，筹划、兴筑及完成国有铁道系统；二，审定、测绘及调查国有铁道路线；三，设计、营造铁道终点及沿途附近市街、港埠；四，计划及监理铁道建筑工程；五，核定各铁道每年度所需材料；六，建设并经营铁道用料工厂；七，审查核定商办铁道路线计划，以及其他一切铁道工程建设事项。直到1938年7月铁道部成为交通部的路政司[55]。

（2）国道、其他交通事业

在各省的建设事业中，很快就发现缺少负责规划、兴筑和完成跨省公路，特别是国道的全国性机构。

为了规划全国的国道建设，铁道部在于1928年12月28日举行的第六次部务会议上决定设立"国道设计委员会"，通过了"国道设计委员会组织规程"[56]。该规程规定该设计委员会主任由铁道部部长指定，由铁道部派出三人，各省建设厅派出一人组成。该设计委员会于1929年2月20日在铁道部礼堂成立[57]，其任务是在成立后三个月内提出全国重要国道全部路线的工程标准、建筑费用预算，以及分期兴筑计划。计划中应有建筑国道筹款计划、兵工建筑国道计划、经营国道运输事业计划、建筑国道机关的组织，以及其他有关国道的重要问题。该设计委员会是临时机构，任务完成后即行解散，以后的设计工作由铁道部建设司负责。[58]

该设计委员会将全国道路分成国道、省道、县道和乡道四类。

国民政府行政院1929年11月18日公布了修正铁道部组织法，将第一条由"铁道部管理并建设全国国有铁道，规划全国铁道系统及监督商办铁道"改为"铁道部规划、建设、管理全国国有铁道、国道及监督省有民有铁道"。[59]

1931年10月30日成立全国经济委员会筹备处，任命秦汾为主任。[60] 1932年，该筹备处设公路股，赵祖康任股长。

全国经济委员会1933年10月4日成立，设秘书、公路、水利和卫生等处[61]，10月7日公布《全国经济委员会公路处暂行组织条例》，所有公路的规划、建筑和管理均由该公路处掌理。[62]

1938年1月1日国民政府令，将铁道部及全国经济委员会的公路部分并入经济部[63]。1938年7月铁道部并入交通部，有关铁路和公路的事务也就归入交通部的职掌。1938年7月30日修正公布交通部组织法，设公路总管理处：筹划全国公路建设及工程直接设施事项；……各省公路设施之监督事项；其他有关公路事项。[55] 按1928年的《交通部组织法》，该部职掌是"管理并筹办全国电政、邮政、航政及监督民办航业。”与建造活动关系不大。[64]但是，从1938年7月以后，情况发生了变化。

1928年到1949年期间的中央公路行政机关可见表9。

中央公路修筑行政机关演变表　　表9

机关名称	成立时间
全国经济委员会[61]	1933年10月4日
公路处[62]	1933年10月7日
秘书室	1933年10月4日
计划科	1933年10月4日
工务科	1933年10月4日
交通科	1933年10月4日
西汉公路工务所	不详
西兰公路工务所	不详
驻各省督察工程处	不详
驻各省督察工程司	不详
公路委员会[65]	1934年6月26日
铁道部	1928年4月18日
国道设计委员会[57]	1939年2月20日
交通部	1928年4月18日
交通部公路总管理处	1938年7月

注：编制本表，参照了《中国公路史第一册》[23]第254–256页

（3）水利、治河和灌溉

1933年以前，水利、治河和灌溉事业分别由建设委员会、内政部、实业部、交通部，以及外交部等掌理。

1928年2月1日，国民党中央政治会议第127次会议决定成立国民政府建设委员会，以孙科等22人及国民政府各部部长、各省建设厅厅长院为建设委员会委员，并指定孙科等11人为常务委员，通过建设委员会组织法。[66]

1928年12月8日公布的建设委员会组织法为其规定的任务是:“一、根据总理建国方略、建国大纲、三民主义研究及计划关于全国之建设事业；二，水利电气及其他国营事业，不属于各部主管者，均由建设委员会办理之；三，民营电气事业之指导、监督、改良属于建设委员会；四，国营事业之属于各部主管而尚未举办者，建设委员会得经主管部之同意办理之；五，建设委员会创办之事业，仍由建设委员完成之。”“行政院各部部长及各省建设厅厅长，均为建设委员会当然委员。”“建设委员会得聘任国内外专家任专门委员或顾问，辅助技术及其他专门事项之设施。”“对于各省区建设厅，有指示监督之责。”[67]

全国经济委员会1933年成立后，掌理全国水利事业。

1938年1月1日国民政府将实业部改称经济部，并将建设委员会及全国经济委员会水利部分并入经济部。[68]

1940年9月20日公布水利委员会组织法，由其“掌管全国水利事务”[69]，水利委员会于1941年9月1日成立。[70]

1947年7月18日公布水利部组织法，由其“掌理全国水利行政事宜”。[71]

1928年到1949年期间的中央水利行政机关可见表10。

（4）辟港

港口的建设和管理由铁道部掌理。中央政府管理部分港口建设的机关，参见表11。

（5）都市改良及公用事业

内政部在国民政府1928年公布的内政部组织法中设立总务、没有管理营造业的职能。[97]内政部组织法几经修正后，1936年再次修正并于同年7月14日公布时设总务、民政、警政、地政和礼俗五司和统计处，这时才在地政司所掌事项中加入“都市计划及建筑事项”。[98]

国民政府1946年7月18日公布《内政部组织法》[99]，内政部设民政、户政、方域、礼俗、营建和总务六司，以及警察总署和禁言委员会。营建司掌下列事项：

一、考核营建行政计划；

二、审核和指导都市计划、港埠计划和乡村计划；

三、审核公私营建标准图案设计；

中央水利行政机关演变表　表 10

机关名称			时间	备注
全国经济委员会			1933 年 10 月 4 日	
	江汉工程局		不详	1935 年后归扬子江水利委员会[72]
	江赣工程局		不详	
	皖淮工程局[73]		不详	
	扬子江水利委员会[74]		1935 年 3 月	
	全国经委会水利处[61][75]		1933 年 10 月 7 日	
建设委员会			1928 年 4 月 18 日	
	模范灌溉管理局		不详	
	导淮委员会[76][77]		1931 年 1 月 8 日	1935 年后归扬子江水利委员会 [72]
	黄河水利委员会[78][79][80]		“旋以经费无着，而当事者又牵于其他职务，黄河水利委员会并未成立”[81]	
	广东治河委员会		1929 年 10 月[82]	1936 年 9 月 29 日改成广东省建设厅水利局[83]
行政院			1928 年 4 月 18 日	
	内政部（主管水利）		1928 年 4 月 18 日	
		太湖（流域）水利委员会	1928 年 2 月	建设委员会将 1920 年成立的“苏浙太湖水利工程局”改为此名[84]，1931 年 5 月内政部从建设委员会接管[85]
		华北水利委员会	1928年9月26日[87]	1917 年成立顺直水利委员会[86]，1928 年 9 月 26 日建设委员会接管后将其改为此名[87]， 1931 年 5 月内政部从建设委员会接管[85]，1935 年 7 月 1 日归属全国经济委员会[88]
	实业部（农田水利）		1932 年 8 月 3 日	代替工商部[89]
	交通部（航道疏浚）		1932 年 8 月 3 日	
		扬子江水道整理委员会	1928 年 9 月 5 日[90]	
	外交部		1932 年 8 月 3 日	
		浚浦局	1912 年[91]	
		海河工程局	1897 年[92]	
	经济部		1938 年 1 月 1 日	1938 年 1 月 1 日建设委员会及全国经济委员会水利部分并入经济部[93]
		水利司	1938 年 1 月 1 日	经济部设水利司掌理：水利行政及建设事项；水利工程设计、指导和审核事项；……[94]
	水利委员会[70]		1941 年 9 月 1 日	
	水利部[71]		1947 年	

注：编制本表，参照了文献[95]。

中央港口建设行政机关一览表　表 11

机关名称		成立时间	备注
铁道部		1932 年 8 月 3 日	
	东方大港筹备委员会	1929 年 3 月[84]	1929 年 3 月由建设委员会成立[84]，1931 年 10 月交通部铁道部颁布《东方大港筹备委员会章程》和《北方大港筹备委员会章程》[96]
	北方大港筹备委员会	1929 年 6 月[84]	

四、审核和指导公私建筑工程及平民住宅工程；

五、管理和指导自来水工程、沟渠工程及其他公用工程；

六、指导公园开辟和管理及民用防空工程；

七、审核和指导市县道路、桥梁、堤坝、码头及其他公共工程；

八、督导居室工业计划；

九、管理建筑师及营造业登记；

十、监督不属于其他各部会执掌的民营公用事业。

（6）工厂与工业技师登记及考核

根据1928年12月22日的《行政院工商部组织法》[100]第八条和第九条，工业技师登记及考核与工业团体的核准立案及监督事项由该部工业司掌理。

根据1932年8月3日公布的《修正行政院组织法第一条第五条第七条条文》，行政院由内政部、外交部、军政部、海军部、财政部、实业部、教育部、交通部、铁道部、司法行政部、蒙藏委员会、侨务委员会、禁烟委员会和劳工委员会组成。实业部代替了工商部[101]，其工业司掌理工厂与工业技师登记及考核事项。[102]

1938年1月1日国民政府将实业部改经济部，将建设委员会及全国经济委员会的水利部分、军事委员会第三和第四部均并入经济部[93]。根据1938年1月14日行政院公布的《行政院组织法第一条条文》：行政院由内政部、外交部、军政部、财政部、经济部、教育部、交通部、蒙藏委员会和侨务委员会组成。工厂与工业技师登记及考核事项由经济部工业司掌理。[94]

（7）军事建造

军政部也涉及大量营造活动。按照国民政府军政部条例，军政部设军需署，该署设总务、会计、储备、营造和审核五个司。营造司分设计、建筑和营产三科，分管营房的设计、建造与营缮、军用土地和营产管理。[103]

从1928年到1949年，始终没有设立对营造业行政的中央机构。

（二）省政府

“训政时期经济建设实施程序”划归为地方建设事业的是省道、地方交通、农林、畜牧、垦荒、水利等。

1930年2月3日国民政府公布《省组织法》。省政府设秘书处和民政、财政、教育和建设四厅。必要时，可增设农矿、工商厅及其他专管机关。建设厅掌管的事项有：公路和铁路建筑、水利与河工及其他航路工程、非土地行政丈量，以及其他建设行政事项。[104]

各省市水利行政机构，可见下面的表12。至于公路，多数省是建设厅下设公路局或公路处办理。但各省互有不同，演变也多（详见《中国公路史第一册》[23]第254–258页）。

（三）特别市

1928年7月8日国民政府公布《特别市组织法》。首都和百万人以上或其他有特殊情况的都市经国民政府批准后为特别市，特别市直辖于国民政府，不入省县范围。特别市政府设财政、土地、社会、工务、公安、卫生和教育七局。若有必要，可增设港务和公用局。工务局掌理：市街道、沟渠、堤岸、桥梁、建筑及其他土木工程事项；市内公私建筑之取缔事项；市河道、港务及航政管理事项；以及市交通、电气、电话、自来水、煤气及其他公用事业之经营取缔事项。[105]1930年9月撤销了特别市建制。[106]

（四）市政府

1930年5月20日国民政府公布《市组织法》。30万人以上或20万人以上但每年营业税、牌照费和土地税三者收入之和占总收入一半以上的人民聚居地均设市。首都和百万人以上或政治经济有特殊情况的非省政府所在地的市隶属行政院，其余市隶属省政府。市政府至少设社会、公安、财政和工务四局。工务局掌理：

各省水利行政机关　　表 12

江苏省政府	河北省政府
建设厅	建设厅
江南海塘常太工程处	黄河河务局
江南海塘宝山工程处	大清河河务局
江南海塘松山工程处	永定河河务局
江北运河工程局	子牙河河务局
淮邳段工务所	南运河河务局
高宝段工务所	北运河河务局
江都段工务所	河南省政府
浙江省政府	建设厅
建设厅	第一水利局
浙江水利局	第二水利局
杭海段海塘工程处	第三水利局
绍萧段塘闸工程处	第四水利局
盐平段海塘工程处	黄河河务局
温岭水利工程处	陕西省政府
整理萧山东乡江岸工程委员会	陕西省水利局
安徽省政府	泾惠渠管理局
建设厅	湖南省政府
水利工程处	建设厅
皖北河工机器船管理员	水利委员会
管理三河坝工局	四川省政府
江西省政府	建设厅
建设厅	成都水利知事
江西水利局	官民各堰工
福建省政府	新彭眉水利常驻委员
建设厅	各堰工局
福建水利局	青海省政府
闽侯县水坞管理局	民政厅
各县区水利组合会	水利专员
修浚闽江总局	宁夏省政府
山东省政府	建设厅
建设厅	各渠工局
运河工程据	各市政府
小清河工程局	工务局
黄河河务局	其余各省府
上游总段长	建设厅
中游总段长	
下游总段长	

注：编制本表，参照了文献 [95]。

公共房屋、公园、公共体育场、公共墓地等建筑修理事项；市民建筑之指导取缔事项；道路、桥梁、沟渠、堤岸及其他公共土木工程事项；以及河道、港务及航政管理事项。[107]

（五）县政府

1929 年 6 月 5 日国民政府公布《县组织法》。县政府在省政府指挥、监督下处理全县行政、监督、自治事务。县政府至少设公安、财政、建设和教育四局。必要时，经省政府批准，可增设卫生、土地、社会及粮食管理局。

建设局掌土地、农矿、森林、水利、道路桥梁工程、劳工、公营事业等事项及其他公共事业。[108]

各省掌管水利工程的政府机关可见表 12。

（六）工程处

对于中央部门主管的工程，多数情况下都成立工程处。例如，上文提到的江苏省政府的“导淮入海工程处”[27]，由许心武、陈和甫和戈涵楼分别担任处长、副处长和总工程师。江苏省政府还制订了“江苏省导淮入海工程处组织规程”、“江苏省导淮入海工程处段工程事务所组织规程”、“江苏省导淮入海工程处财务组办事细则”、“江苏省导淮入海工程处工程章则”、“江苏省导淮入海工程处施工细则”、“江苏省导淮入海工程处监工须知”和“江苏省导淮入海工程处队长须知”。[109]

工程处设工务、财务和总务三组；约四十几人。外设淮阴、涟水和东坎三个材料站。省政府任命工程沿途十二个县县长担任工程处征工委员，负责征调和管理工伕；命令淮阴和盐城两区行政督察专员兼任导淮入海工程督察员。

工程处于1934年10月21日开始工作。因许心武回家治丧，故陈和甫和戈涵楼负起了责任。工程处下设12个工程段。各段段长之下设工程事务所。段长兼任工程师，另设副工程师一人，主持全段工务，另设辅助工程技术人员若干。各段工程事务所人数视工程量多少而定，少则十几人，多则四十几人。[110][111]

二、各地情况

（一）上海市

鸦片战争后，世界列强在上海强划租界。租界公董局、工部局及华界分别建立了工程和营造业管理机构，颁布法规，营造厂开业必须登记。

如公共租界内的《土地章程》有建筑管理专款。法租界制定了《上海法租界公董局管理营造章程》，内容包括总则、工程建筑、领取大小执照程序、罚则等。华界内制定和实施了《暂行建筑规则》，涉及工程的审批、执照的申请、工程的查勘等。抗战胜利以后，上海市工务局编制了《上海市工务局法规汇编》和《上海市工务局标准规范汇编》，使政府对建筑业的管理有章可循。

公共租界管理建筑的机构有道路码头委员会、工部局。道路码头委员会于1846年12月22日在礼查饭店召开成立会议。该委员会只有3名管理人员，每年初在租地人大会上报告上一年度的建设情况。1853年7月11日，成立市政委员会，即“工部局”，选出7人组成董事会，原有道路码头委员会解散。

工部局董事会下设工务委员会，承办并监督一切工程建设，包括测量、道路码头、各类建筑物、市政建筑以及承办各项公共工程等。经选举由董事会任命1名总工程师主管委员会。1911年以后，租界当局越界筑路，不断扩大租界，有关管理市政建设的具体职能逐渐由工部局总办间（处）下设的工务处所承担，工务委员会逐渐成为一个比较超脱的原则性领导和顾问机构。工务处下设行政部、土地测量部、构造工程部、建筑测量部、沟渠部、道路工程部、工场部、公园及会计部。对建筑及施工的管理，主要由建筑测量部承担，主要职能是负责查核界内新建筑的计划及改造房屋或加增的计划，发给许可证，检查不安全的建筑。工务处设处长1名，辖副处长、高级助理、建筑助理、高级助理建筑审查员、主任视察员、视察员、建筑师、助理建筑师、高级助理工程师、助理工程师、高级工务员、工务员、助理工务员等。

法租界管理建筑的机构有公董局。公董局成立于1862年。公董局董事会下设8个委员会，管理工程建设事宜的是工务委员会。随着法租界建设规模的扩大，公董局于1865年设立了公共工程处，由公董局董事会下设的督办管辖。公共工程处下设工务科、管理科、技术科、总务科。凡公董局所属的工程主要由工务科管理，租界内其他工程主要由管理科管理。

华界内管理建筑的机构变化较多。1895年12月建立的南市马路工程局是华界最早管理市政工程建设的机关。以后，沪北、吴淞、浦东3地均仿沪南陆续建立了管理市政和建筑工程的机关。以后30多年间几经变迁，直至1927年7月上海特别市政府成立工务局。[13]

1928年11月23日公布《上海特别市政府工务局办事细则》，市工务局设四科，分别负责审定有关章程、公共工程预决算、工务实施、审查营业执照、建筑工程师和营造厂登记等。

市政府所设市建设讨论委员会、市中心区域建设委员会和平民住所建设委员会等也参与工程管理。[112]

1937年"八一三"事变后，伪上海市政府成立工务局。1945年伪工务局、公用局合并为伪建设局。抗日战争胜利后，重新成立了市工务局，主管全市营造业，直至上海解放。[13]

（二）北平市

根据国民政府公布的《特别市组织法》[105]，1928年6月，北京改名为北平，成立北平特别市，设立财政、土地、社会、公安、卫生、教育、工务和公用八局。

1928年8月成立北平特别市工务局，其前身为1914年成立的内务部土木工程处。该局隶属于北平市政府，其内部机构设有秘书室和四个科，各科内设有若干股。主要职责是管理全市工务事务，包括房屋、公园、公墓及体育场所等建筑事项，市民住房、道路、桥梁、沟渠、堤岸及其他公共土木工程，河道船政管理，广告、路灯管理等。1931年4月，改北平特别市为北平市，北平特别市工务局名称随之改为北平市工务局。[113]

北平特别市政府于1928年9月6日公布《北平特别市工务局组织暂行条例》[114]，该暂行条例规定：

工务局隶属于北平特别市市政府，掌理全市工务，除秘书室外设五科。购料、包工招标，工料预算和核算由第一科掌理；桥、路、河、井、沟、闸、公园、市场、菜场、新村及其他一切工程设计事项由第二科掌理；公私各种建筑的图纸审查，以及有关建筑师、工程师、营造厂、水木作的登记事项由第四科掌理；勘查和监察一切工程事项由第五科掌理。

（三）南京市

1927年南京特别市政府成立市工务局管理市内一切工务事宜，同年6月30日公布南京特别市工务局组织章程，设总务、设计、建筑、取缔和公用五科。建筑科掌理的事项中有监督市内建筑工程、工程估价与招标等；取缔科掌理的事项中有查勘与取缔市内各种建筑工程、取缔妨碍交通及公益的建筑物、发给建筑或修缮执照、取缔本市一切工程等。[115]

（四）山东省

山东省政府自1928年以后，设立建设厅。按照1933年省政府通过的《山东省政府建设厅办事细则》的规定，建设厅"承国民政府实业、内政、铁道、交通各部及建设委员会之命令，受山东省政府之指挥，监督掌理全省建设及实业事务"，具体职责涉及建筑工程的有"关于公路铁道之建筑及事业之监督管理事项"，"关于新市新村及其他一切建筑事项"，"关于河道海港航路工程之建设及航政之监督事项"，"关于浚河、凿井、开渠、灌田及其他水利事项"，"关于电信交通之建设及民营电汽事业之监督事项"等等。

1933年省政府通过《济南市工务局组织细则》，规定该局"下设第一科、第二科和技术室。第一科掌理事务如下：……；四、关于发给建筑凭照事项；五、关于投标及验收工程事项；六、关于建筑业及技师注册事项；七、关于工程事务所之管理事项。第二科掌理事务如下：一、关于本市各项工程之实施事项；……四、关于公共建筑之估价及市有工程之保养事项。技术室掌理事务如下：一、关于市工程查勘规划指导监督事项；二、关于建筑业技师之审查图样计划鉴定事项；……"。

山东省政府按照国民政府1929年6月颁布的《县组织法》，对所辖各县政府均设2科5局，其中建设局负责办理地方建设事宜。在1929年省政府议决公布施行的《县建设局规程》中规定："建设局承山东省政府建设厅农矿厅工商厅之命令掌管所辖区域之下列事项：……关于修治全县道路航路一切交通事项；关于全县建设事业之发展之改良事项；关于桥梁工程之建筑事项；关于县建设经费之筹集支配及编制预决算事项”。《规程》对县建设局长的要求很严格，规定“建设局长之资格由考试检定之，并由建设、农矿、工商三厅组织检定委员会执行之。凡经检定及格人员，由建设厅委任并呈报省政府备案”。

日军侵占山东期间，伪山东省公署内设总务、民政、财政、建设和教育5厅。另有直属于伪华北临时政府建设总署的济南水利工程局和济南公路工程局。

县级当时设实业(课)或劝业(课)，掌理工业、营造业、交通和商业，业务范围很广，对建筑业无系统专业管理。

中国共产党领导下的抗日根据地，在1940年8月成立山东省战时工作推行委员会和临时参议会时，已辖有1个行政公署级、7个专署级和60个县级政权。1942年5月，省战时工作推行委员会设经建处。1944年组成山东省政府委员会，下设实业厅。1945年规定，实业厅编制2人(另有技术顾问若干)；县级政府内设实业(课)。1949年3月30日，省政府委员会改组为山东省人民政府，下设17个厅、局级单位。建筑业由实业厅分管，公路运输局、黄河河务局、水利委员会、工矿部、工商部也各分管部分建筑企业。[116]

四、对营造厂、建筑师和工程师的管理

由于建设事业的要求，建造活动日益增多，营造业发展迅速，违章事件也随之不断增多，各地政府，省建设厅，市工务局等就着手对建造活动的参与者实施资格（市场准入）和行为管理，先后颁布了登记规则、章程或规程。下文主要介绍营造厂和土木建筑技师的情况。

（一）营造厂

1、注册登记

从1928年开始，各地，各部门先后颁布了章程、规则、规程或条例，将营造厂、建筑公司和其他承担工程的厂家注册登记。1929年芜湖市政筹备处将拟定的该市营造厂登记章程呈送安徽省政府以求批准。呈文说明了拟定该章程的理由：“窃查本市内营造厂、建筑公司，及水木作等诸营业，其具有经验学术者，固不乏人；而毫无经验学术，希图渔利者，亦复不少。若不釐定章程，严加甄别，于市民建筑，关系至钜，爰拟定芜湖市营造厂登记章程十一条，理合缮正呈送仰祈鉴核备案。”[117]

1930年6月27日广东省建设厅厅长呈文省政府，说：“……查建筑商店，论其营业目的，虽与普通商店相同，但审其性质，实与普通商店大有差别，盖建筑商店，举凡一切工作，对于人民生命之安危，均有莫大关系，主管机关，似应有严密取缔之必要，缘此项之建筑商店，大都资本短少，工程学识有限，且往往偷工减料，违背工程原则，遇建筑物有发生危险时，即行潜逃，无可追究者，所在多有，非有严密之注册，实无以善其后。……”[118]

表13就是一些具体例子。对于尚未开展这方面工作的地方，中央政府督促之。例如审计部河南省审计处1937年7月7日致函河南省政府，催促该省开展这项工作，该函曰：“案查本省各机关修建工程，招商投标，日益增繁，关于营造厂商，资力充实者固多，而内容简陋者亦在所不免，若不详为登记，预加限制，其于工程之进行，影响殊多，与其于开标决标之后，再图挽补，何若于投标比价之先，加以限制。兹为防止意外故障起见，拟请贵政府转知建设厅，迅将所有营造厂商，予以登记，并颁订招标通则及合同纲要，以利施行，以免流弊。相应函达，即请查照转知办理为荷！”[119]

2、行为管理

仅仅将营造厂注册登记，还不能保证营造厂家领取登记证后行为端正，必须对其行为提出具体的要求。但是，直到1939年2月17日，

国民政府因日寇侵略而内迁重庆之后才颁布全国《管理营造业规则》[6]。该规则规定，凡经营营造业者必须到当地主管建筑机关审查登记，未登记不得开业。申请登记者须按申请的等级缴纳登记费。

登记分甲、乙、丙和丁四等。申请登记者各自须满足的条件和允许承办的工程，可见表13。

营造业登记后若：一，因故丧失营业能力；二，将登记证借予他人或冒用他人登记证，三，偷工减料因而发生危险，或四，违反建筑法令三次以上，则上级主管建筑机关得追收其登记证并呈经济部和内政部备查。

营造业在每项工程开始之前须向上级主管建筑机关领取和填写工程记载表，并由后者盖章。

营造业的保证人亦须满足一定条件。[6]行政院又于1943年2月18日公布了《修正管理营造业规则》[131]，第三条说："营造业主管机关，中央在内政部（地政司）；省在建设厅；市在工务局，未设工务局者在市政府；县在县政府。

到了1948年2月7日，内政部又公布了《加强营造业管理办法》[132]：

一、为加强管理营造业减少工程纠纷，除管理营造业规则已有规定外，依本办法管理。

二、各地方主管营造业机关，自奉到本办法之日起，应暂停发给营造业执照三个月。在停止发照期间，并不得发给临时执照。

三、停止登记期间，应将已核准登记之营造厂商依照管理营造业规则之规定重新审查。对下列各款尤应切实办理：

甲、各级厂商资本额应以（民国）三十二年（1943年）修正规则所定额数比照当地最近生活指数百分之二为标准由当地主管机关调整公布，饬令厂商限期呈验其资金，不足者，得以不动产折算，所有以前自行调整资本额一律废止。

乙、各级厂商应具工程经验，以原规则所订额数重新呈验并严格取缔伪造证件，如呈验包工合同，必须附缴完工证件，工程价值应按当时物价相差额折算。

丙、已登记营造业除同额以上资本之铺保外，应加具同等同业三家之联保，该项联保应得当地同业公会之证明。

四、已登记之营造业如发现有列左情况之一时，应撤销其登记证：

甲、登记已满一年尚无营业或因故丧失营业能力而继续无营业一年者；

乙、经理人或厂主已非原登记之本人或将登记证借与他人冒用者；

丙、经理人或厂主兼任公务员者；

丁、一人兼充二厂之技师者；

戊、不依本办法第三条应审或经审查不合规定者。

（未完待续）

各地营造业登记章程、规则、规程或条例举例　　表13

章程名称	公布日期
南京特别市承办建筑店铺登记领照章程[8]	1928年1月18日
上海特别市营造业登记章程[120]	1928年5月刊载
武汉市营造厂及泥木作等注册条例[121]	1929年2月刊载
广州市建筑商店注册换照登记条例[9]	1929年5月
济南市工务局建筑业登记暂行规则[122]	1929年9月12日
芜湖市营造厂登记章程[123]	1929年11月
铁道部铁路工程包工登记规程[124]	1929年11月26日
杭州市营造厂登记暂行规则[7]	1930年3月15日
杭州市泥水木石匠等作登记暂行规则[7]	1930年3月17日
汕头市修正建筑工厂注册规程[10]	1930年7月19日
余姚县泥水木作及营造厂登记暂行规则[125]	1932年7月刊载
广东省建设厅建筑工程商号登记章程[126]	1935年5月16日
南昌市营造业登记规则[127]	1936年2月18日
厦门市营造业登记规则[128]	1936年11月19日
西京市土木建筑工程营造厂登记暂行办法[129]	1936年
交通部公路总局川陕公路工务局登记营造厂商规则[130]	1943年10月22日

参考文献

[52]《国民政府公报》1928 年 1 期法规第 1-3 页行政院组织法

[53]《中央时事周报》1933 年第 40 期第 44 页全国经济委员会成立

[54]《国民政府公报》1928 年第 13 期法规第 1-4 页《国民政府铁道部组织法》

[55]《立法院公报》1938 年第 97 期法规第 120-126 页交通部组织法

[56]《铁道公报》1929 年第 2 期会议录第 153-154 页

[57]《铁道公报》1929 年第 4 期会议录第 137 页

[58]《铁道公报》1929 年第 2 期法规第 9-11 页

[59]《行政院公报》1929 年第 102 期法规第 18-21 页《修正铁道部组织法》

[60]《行政院公报》1931 年第 306 期训令第 11-12 页

[61]《中央时事周报》1933 年第 40 期第 44 页全国经济委员会成立

[62]《农村复兴委员会会报》1933 年第 6 期第 12-16 页

[63]《国民政府公报》1938 年渝字第 10 期令第 1 页

[64]《行政院公报》1928 年第 8 期法规第 4-6 页国民政府交通部组织法

[65]《军政旬刊》1934 年第 26 期附录第 3-9 页全国经委会公路委员会会议纪要，公路委员会第一次会议于 1934 年 6 月 26 日召开。

[66]《中华民国史大事记》第五卷第 2936 页，中国社会科学研究院近代史研究所中华民国史研究室总编李新，韩信夫、姜克夫主编，北京：中华书局，2011 年 7 月第 1 版

[67]《行政院公报》1928 年第 8 期法规第 6-8 页国民政府建设委员会组织法

[68]《国民政府公报》1938 年渝字第 10 期令第 1 页

[69]《江西省政府公报》1940 年第 1203 期法规第 1-3 页水利委员会组织法

[70]《江西省政府公报》1941 年第 1235 期公牍第 35 页准行政院水利委员会电告组织成立启用关防日期等由令仰知照

[71]《法令周刊》1947 年第 31 期第 6-7 页

[72]《立法院公报》1935 年第 72 期法规第 70 页扬子江水利委员会组织条例

[73]http://archives.sinica.edu.tw/old/main/economic13.html

[74]《立法院公报》1935 年第 72 期法规第 70-72 页扬子江水利委员会组织条例

[75]《农村复兴委员会会报》1933 年第 6 期第 16-18 页全国经济委员会水利处暂行组织条例

[76]《行政院公报》1929 年第 12 期法规第 5-8 页国民政府导淮委员会组织条例

[77]《立法院公报》1935 年第 72 期法规第 73-76 页导淮委员会组织条例

[78]《行政院公报》1929 年第 18 期法规第 6-8 页《国民政府黄河水利委员会组织条例》

[79]《立法院公报》1933 年第 50 期法规第 12-14 页，1933 年 6 月 28 日公布《黄河水利委员会组织法》

[80]《华北水利月刊》1933 年第 9-10 期公牍摘要第 101 页，1933 年 9 月 25 日全体委员在开封河南省政府礼堂举行就职典礼

[81]http://www.chinawater.net.cn/History/hydrology/hydrology09.html# 民国 18 年 (1929 年)

[82]《广东水利》1930 年第 1 期会议录第 1-3 页

[83]《国民政府公报》1937 年第 2158 期指令第 10 页

[84]《建设委员会公报》1930 年第 1 期工作纪要第 18 页

[85]《内政公报》1937 年第 7 期行政院命令第 1 页

[86]《建设委员会公报》1930 年第 1 期工作纪要第 17 页

[87]《华北水利月刊》1928 年第 1 期公文函件第 9 页

[88]《立法院公报》1935 年第 72 期法规第 72-73 页

[89]《立法院公报》1932 年第 41 期法规第 4-6 页行政院组织法第一条第五条第七条条文

[90]《扬子江月刊》1929 年第 1 期会议记录第 1-5 页 1928 年 9 月 5 日扬子江水道整理委员会第一次常会

[91]《新世界》1946 年第期第 23-24 页吕国荫上海浚浦局与浚浦工程

[92]《华北水利月刊》1929 年第 10 期杂录第 115-133 页海河工程局略说

[93]《国民政府公报》1938年渝字第10期令第1页
[94]《经济部公报》1938年第1期法规第7-12页经济部组织法
[95]《农村复兴委员会会报》1933年第6期第150-153页全国水利行政机关一览
[96]《铁道公报》1931年第214期法规第1-4页
[97]《行政院公报》1928年第5期法规内政部组织法第1-4页
[98]《内政公报》1936年第7期国民政府令第1-5页
[99]《山东省政府公报》1946年复刊第19期法规第3-5页
[100]《行政院公报》1928年第7期法规第4-8页《行政院工商部组织法》
[101]《行政院公报》1932年第41期法规第4-6页行政院组织法第一条第五条第七条条文
[102]《立法院公报》1931年第26期法规第136-143页实业部组织法
[103]《行政院公报》1928年特刊法规第44-46页
[104]《立法专刊》1930年第3期第96-98页
[105]《南京特别市市政公报》1928年第17期例规附录第24-29页《特别市组织法》
[106]《江苏省政府公报》1930年第549期特载第21页
[107]《河北省政府公报》1930年835期法规第16-38页
[108]《行政院公报》1929年第54期法规第10-12页
[109]《江苏建设月刊》1935年第1期法规第1-12页
[110]沈百先."筹办开辟导淮入海初步工程之经过",《江苏建设月刊》1935年第1期第18-20页
[111]陈和甫."导淮入海工程处筹备经过概况",《江苏建设月刊》1935年第1期第21-23页
[112]《上海特别市政府市政公报》1929年第18期法规第81-86页
[113]时山林,梅佳,孙刚,张文武,田尚秀.北京近代城市管理法规概述.北京市档案局2007年9月6日
[114]《北平特别市政府市政公报》1928年第2期法规第47-51页
[115]《南京特别市工务局年刊》1927年组织第1-5页《南京特别市工务局组织章程》
[116]《山东省志•建筑志》,山东省地方史志编纂委员会编,徐崇斌,舒奉先主编.济南山东人民出版社,1998年
[117]《安徽建设》1929年第11期公牍市政门第47页
[118]《广东省政府公报》1930年第112期建设广东省政府指令第1112号1930年7月19日第15-16页
[119]《审计部公报》1937年第3期公文第10页
[120]《上海特别市市政公报》1928年第11期法规第53-54页《上海特别市营造业登记章程》
[121]《武汉市政公报》1929年第3期法规第3-5页《武汉市营造厂及泥木作等注册条例》
[122]《济南市市政月刊》1930年2期法规第45-46页《济南市工务局建筑业登记暂行规则》
[123]《安徽建设》1929年第11期法规第9-13页《芜湖市营造厂登记章程》
[124]《铁道公报》1929年第20期法规第1-2页《铁道部铁路工程包工登记规程》
[125]《浙江省建设月刊》1932年6卷第1期参考资料第4-5页《余姚县泥水木作及营造厂登记暂行规则》
[126]《广东省政府公报》1935年第296期建设第211-212页《广东省建设厅建筑工程商号登记章程》
[127]《江西省政府公报》1936年第572期法规第1-3页《南昌市营造业登记规则》
[128]《福建省政府公报》1936年第654期公牍第18-20页《厦门市营造业登记规则》
[129]《西安市工季刊》1936年1期《西京市土木建筑工程营造厂登记暂行办法》
[130]《川陕公路工务局周刊》1944年第5期第4-5页《交通部公路总局川陕公路工务局登记营造厂商规则》
[131]《经济部公报》1943年第5-6期法规第76-80页《修正管理营造业规则》
[132]《上海市政府公报》1948年第14期第256-257页《加强营造业管理办法》